20 IDÉES REÇUES SUR L'ÉNERGIE

RAPHAËL BOROUMAND
STÉPHANE GOUTTE
THOMAS PORCHER

3e ÉDITION

20 IDÉES REÇUES SUR L'ÉNERGIE

DBS

3e édition
Rue du Bosquet, 7 – B-1348 Louvain-la-Neuve

Dépôt légal :
Bibliothèque nationale, Paris : Avril 2024
Bibliothèque royale de Belgique,
Bruxelles : 2024/13647/067
ISBN 978-2-8073-6169-0

« Un sourire coûte moins cher que l'électricité, mais donne autant de lumière. »

Abbé Pierre

Avant-propos

Lorsque nous avons écrit *20 idées reçues sur l'énergie* en 2014 (sortie de la première édition en 2015), la pensée dominante chez les économistes de l'énergie consistait à défendre la libéralisation des marchés de l'énergie, un prix unique du carbone ou encore la production de gaz de schiste. Les arguments avancés étaient que la libéralisation des marchés de l'énergie allait faire diminuer les prix grâce à la concurrence ; qu'un prix unique du carbone, imposé au Mali comme aux États-Unis, était l'outil le plus efficace pour lutter contre le dérèglement climatique et que la production de gaz de schiste permettait de faire baisser les prix et de disposer d'énormes réserves d'hydrocarbures.

Dix ans se sont écoulés depuis l'écriture de notre livre. Force est de constater que les faits nous ont donné raison sur de nombreux points. La libéralisation des marchés de l'énergie n'a pas permis de faire baisser les prix. Le prix de l'électricité a même augmenté malgré l'ouverture à la concurrence. Avec le Covid-19 et la guerre en Ukraine, des questions relatives à la souveraineté énergétique, à la sécurité d'approvisionnement énergétique en Europe et au service public de l'énergie sont revenues en force dans les débats, conduisant même le gouvernement français à nationaliser EDF à 100 %.

En 2018, une taxe carbone sur les carburants a été appliquée en France, entraînant le mouvement sans précédent des Gilets jaunes. Ce mouvement a contraint le gouvernement à geler cette taxe. Nous disions trois ans auparavant, dans la précédente édition de ce livre, que si la fiscalité était un outil efficace pour faire baisser la consommation de carburant, les inégalités dans l'utilisation de la voiture obligeaient toute politique fiscale à une approche progressive. Ces inégalités et la fiscalité ont été décrites dans ces pages, des solutions ont été proposées.

Sur les enjeux climatiques, alors que le principe d'un prix mondial unique du carbone était largement partagé, nous défendions une approche progressive tenant compte du niveau de développement (IDH par pays) et des émissions liées à la consommation de CO_2 par habitant afin de mettre en place un prix du carbone plus juste. Aujourd'hui, c'est ce type d'approche qui est défendu par des membres du GIEC et discuté lors des COP.

Enfin, aujourd'hui, tout le monde admet que, compte tenu de l'urgence climatique, nous ne devrons pas consommer l'ensemble des réserves d'hydrocarbures ; et la question des réserves, avancée dans les débats autour du gaz de schiste, n'a plus la même importance.

Ce livre voulait susciter des débats qui n'existaient pas, ou très peu, il y a dix ans. Nous constatons que les idées que nous défendions hier sont aujourd'hui au cœur des débats. Aussi nous n'avons pas voulu remettre en question le contenu pour cette nouvelle édition. Tant d'experts, en fonction des événements, changent leurs analyses. Ce n'est pas notre cas. Nous souhaitons que le lecteur puisse apprécier nos raisonnements dans le contexte où ils ont été établis alors que ces raisonnements étaient minoritaires à l'époque.

Introduction

L'énergie est très présente dans le débat public. Le secteur énergétique irrigue l'économie, toutes les activités industrielles en dépendent. Les citoyens veulent désormais peser sur les choix de politiques énergétiques autrefois réservés à des experts. La mobilisation sur le réchauffement climatique ou la transition énergétique en témoigne.

L'énergie est un secteur complexe caractérisé par une incertitude radicale et de nombreux paradoxes. Il combine des dimensions géopolitiques, économiques, environnementales, technologiques et sociales. À cela s'ajoute la superposition de décisions aux échelons international, national et local. Dans ces conditions, définir une politique idéale combinant sécurité d'approvisionnement énergétique, compétitivité économique et lutte contre le réchauffement climatique, tout en préservant le pouvoir d'achat des consommateurs, relève d'un véritable casse-tête. La tentation est de faire abstraction d'un de ces objectifs.

Les politiques menées avec les meilleures intentions peuvent être incohérentes et inefficaces. Les promesses des différentes politiques énergétiques au niveau national, européen ou mondial n'ont pas toujours été tenues, avec des effets parfois néfastes.

Ainsi, les pays européens ont libéralisé leur secteur énergétique en affirmant que la concurrence allait faire baisser les prix, pour le plus grand bénéfice des ménages. Ils ont ensuite intégré au marché libéralisé des mécanismes de soutien aux énergies renouvelables, en promettant un développement massif de celles-ci. Certains États européens sont tentés par l'exploitation des hydrocarbures de schiste dans l'espoir de créer des centaines de milliers d'emplois et d'augmenter les réserves de gaz et de pétrole.

Les résultats sont-ils au rendez-vous ? Dans les pays de l'Union européenne, les marchés électriques et gaziers sont certes libéralisés, mais la concurrence est faible et les prix de détail de l'énergie n'ont pas baissé. Dans le secteur pétrolier, la logique actionnariale des compagnies a entraîné un sous-investissement dans le secteur clé du raffinage. L'urgence climatique nous impose de n'utiliser qu'une faible partie de nos réserves prouvées.

Les résultats des politiques climatiques sont aussi médiocres : les énergies renouvelables n'occupent qu'une place modeste dans les bilans énergétiques nationaux, malgré l'existence de mécanismes de soutien. Les subventions massives aux énergies fossiles (plusieurs centaines de milliards de dollars par an) freinent considérablement le développement des renouvelables.

Comment expliquer ces échecs ? Il ne peut y avoir de solutions simples, immédiates et unidimensionnelles aux problèmes énergétiques. Ainsi, certaines réformes institutionnelles ont sous-estimé les spécificités du secteur ou étaient fondées sur des postulats théoriques erronés. L'échec est alors inévitable.

Aucune politique énergétique n'est parfaite, mais le coût de l'inaction sera très largement supérieur à celui de la lutte contre le réchauffement climatique. La mise en place de mesures « gadgets » ne sert à rien.

L'objectif de cet ouvrage est de lever le voile sur un certain nombre d'idées reçues, afin de définir les jalons nécessaires à un changement de modèle énergétique. Il s'agit d'adopter une approche systémique qui intègre l'ensemble des impacts des choix, à partir d'un diagnostic précis. L'ouvrage offre un cadre conceptuel robuste pour comprendre les enjeux énergétiques et climatiques des prochaines décennies. Il propose une redistribution des cartes pour la mise en place d'un système énergétique décarboné. Face à l'urgence du réchauffement climatique, ne perdons plus de temps.

IDÉE REÇUE Nº 1

« La libéralisation du secteur de l'énergie en Europe entraîne une baisse des prix »

La pensée dominante

L'objectif de la libéralisation était de casser les monopoles nationaux pour permettre à de nouvelles entreprises de les concurrencer en proposant des prix compétitifs. L'entrée massive de nouvelles entreprises devait bousculer les positions dominantes de monopoles vieillissants et défaillants (sureffectifs, faible productivité). Ces monopoles verticalement intégrés (c'est-à-dire présents sur tous les segments de la chaîne de valeur : production, transport, distribution, fourniture) étaient considérés comme inefficaces, peu innovants et faiblement orientés sur les services aux clients. Il fallait donc impérativement libéraliser la production et la fourniture d'énergie[1] pour générer des gains d'efficience et mettre un terme aux rentes des monopoles nationaux. L'ouverture à la concurrence allait entraîner une baisse des prix, pour le plus grand bénéfice des consommateurs.

1 Le transport et la distribution sont des « monopoles naturels », il serait antiéconomique d'avoir deux réseaux en concurrence.

Notre mise au point

La libéralisation est bénéfique au consommateur si elle génère une diminution des prix, l'innovation produits et des gains de productivité. La libéralisation peut, pour certaines industries et sous certaines conditions, entraîner une diminution des prix. Les spécificités de l'électricité ne permettent pas une concurrence comme dans les télécoms ou l'aérien. Sans une régulation proconcurrentielle au bénéfice des consommateurs, la concurrence est inopérante.

Libéralisation et « main invisible »

La libéralisation du secteur de l'énergie s'inscrit dans le vaste mouvement de libéralisation des industries de réseaux (télécommunications, réseau postal, transport aérien, transport ferroviaire) engagé dans les années 1980 par le tandem Thatcher-Reagan en Grande-Bretagne et aux États-Unis. Le fondement quasi « philosophique » de ces réformes est d'offrir aux consommateurs la liberté de choisir leurs prestataires.

Les réformes menées par la Commission européenne depuis les années 1990 s'inspirent notamment de la théorie dite de « la main invisible », définie par l'économiste Adam Smith en 1776[2]. Pour ce courant de l'économie, la recherche, par des agents économiques (entreprises ou particuliers) en concurrence, de leurs intérêts privés conduirait à l'intérêt général, grâce aux bienfaits d'une « main invisible ». Les mécanismes de marché permettraient donc une allocation optimale des ressources. La création du marché unique européen de l'énergie est à l'origine de l'idée même de libre

2 Smith, A., (1776), *Recherche sur la nature et les causes de la richesse des nations*, livre IV, ch. 2 ; d'après réédition, Flammarion, 1991, tome II, pp. 42-43.

concurrence au sein du Marché commun, instauré par le traité de Rome en 1957.

Les intentions sont louables, mais la libéralisation a-t-elle entraîné une diminution des prix de vente de l'électricité et du gaz ?

Les consommateurs sont-ils gagnants ?

La réalité est tout autre et bien plus complexe que la vision enchantée de la Commission européenne. Si les marchés de gros sont de plus en plus intégrés, les dysfonctionnements sur les marchés de détail sont patents. Les consommateurs sont « gagnants » (en économie, on parle de hausse du « surplus des consommateurs ») s'ils bénéficient de baisses de prix à qualité de service équivalente. Or, les prix de fourniture de l'électricité (les prix de détail) suivent une tendance haussière dans de nombreux pays européens. L'explication fournie est peu convaincante : les hausses continues seraient exclusivement dues aux « fondamentaux », à savoir la hausse des prix des énergies fossiles utilisées pour produire de l'électricité et celle du pétrole, sur lequel est indexé le prix de fourniture du gaz, *via* des contrats à long terme. La production croissante d'électricité à partir d'énergies renouvelables ne ferait qu'accentuer les hausses de prix, en témoigne la situation allemande. En 2013, les consommateurs allemands ont payé 20 milliards d'euros pour subventionner les énergies renouvelables. Aucun lien, donc, avec un processus de libéralisation mal conçu ou une régulation inefficace des marchés de détail. Si ces arguments sont partiellement fondés[3], ils sont néanmoins

3 Si l'attribution de subventions publiques sous la forme de tarifs d'achats garantis (les *feed-in tariffs*) contribue à la hausse des prix de détail de l'électricité dans plusieurs pays européens, d'autres déterminants sont en jeu.

incomplets. Attribuer aux politiques de subventions des énergies renouvelables un rôle de bouc émissaire dans la hausse des prix de détail constitue une analyse incomplète de la réalité européenne des marchés de l'électricité.

Un examen rigoureux du marché britannique[4], considéré comme un modèle à suivre, révèle que ce marché est dominé par un oligopole de six entreprises verticalement intégrées[5]. Elles exercent collectivement un pouvoir de marché dans la mesure où elles se partagent le marché en l'absence de toute menace concurrentielle crédible. Selon deux publications scientifiques (Boroumand, 2015[6] et Boroumand et Cartwright 2017[7]), les baisses de prix amont (prix *spot*[8]) sont faiblement répercutées à l'aval (prix de détail). *A contrario*, les hausses de ces mêmes prix *spot* sont intégralement et systématiquement répercutées au détriment des consommateurs britanniques.

Un faisceau d'indices concordants pourrait même laisser croire en l'existence de pratiques d'entente sur les prix entre les six principaux fournisseurs d'énergies... À défaut de collusion sur les prix, l'analyse des stratégies-prix des énergéticiens britanniques met en lumière un parallélisme (une coordination) des stratégies-prix. Le régulateur britannique de l'énergie a lancé une investigation en mars 2014 pour enquêter sur l'existence de pratiques d'entente[9].

---

4 Le « marché » français, « libéralisé » depuis 2007, reste dominé sur le segment résidentiel par l'opérateur historique.

5 Elles sont communément appelées les « *big six* ».

6 Boroumand, R.H., (janvier 2015), « Electricity markets and oligopolistic behaviors: The impact of a multimarket structure », *Research in International Business and Finance*, vol. 33, pp. 319-333 (Elsevier).

7 Boroumand, R.H. et Cartwright, P., (2017), « Electricity Retail Competition: The Case of the UK », *International Journal of Global Energy Issues*.

8 Pour simplifier, le prix *spot* correspond au prix horaire de l'électricité sur le marché de gros.

9 Voir l'interview de R.H. Boroumand par l'agence de presse internationale Reuters : <http://www.reuters.com/article/2014/04/08/us-britain-utilities-analysis-idUSBREA370VA20140408>.

Quels intérêts des fournisseurs d'énergie auraient-ils à se lancer dans une guerre des prix ? Comment peut-on s'étonner qu'une entreprise privée cherche à maximiser son profit ? Ces comportements sont facilités du fait que la consommation d'électricité est dite « inélastique » (une hausse des prix n'entraîne pas une diminution de la demande à court terme), qu'il n'existe pas de substituts de l'électricité pour l'ensemble de ses usages et que le bien est non stockable. En l'absence de substituts, la demande est dite « captive ». En pratique, les consommateurs ne connaissent pas le prix de l'électricité au moment où elle est consommée. La libéralisation a conduit à la recherche de la maximisation du profit et à un risque d'accentuation de la précarité énergétique en Europe, alors même que l'électricité est un bien essentiel.

Si la concurrence peut (et doit) conduire à une meilleure allocation des ressources et à une baisse des prix, elle doit, pour être effective, tenir compte des spécificités techniques et économiques de chaque industrie. Croire que la concurrence dans le secteur des télécoms serait reproductible dans le secteur de l'électricité, c'est faire preuve de naïveté ou de dogmatisme. Les régulateurs nationaux et les autorités de concurrence doivent se coordonner pour mettre en place des règles de marché à l'échelle européenne qui conduiront à une concurrence avantageuse pour les consommateurs. La concurrence doit constituer un moyen au service d'une plus grande transparence du marché et non une fin en soi. Elle ne se décrète pas.

La concurrence constitue une dynamique complexe, qui implique trois types d'acteurs : les entreprises, les consommateurs et le régulateur sectoriel. Ce dernier doit pleinement assurer son rôle de surveillance pour remédier aux failles de marché. Il doit, en particulier, définir une combinaison d'indicateurs pertinents pour évaluer la dynamique concurrentielle. L'ampleur et la vitesse de transmission de l'évolution des prix de gros sur les prix de détail sont des indicateurs appropriés pour l'électricité. Sur un marché raisonnablement concurrentiel, les variations des prix de gros (à la hausse comme à la baisse) sont transmises symétriquement sur les prix de détail. La marge entre le prix de détail moyen pondéré (tous fournisseurs confondus) et le prix de gros est supposée rester relativement stable tout le long d'un cycle de prix de gros. C'est le cas en Norvège, où la libéralisation n'a pas conduit à l'exercice d'un pouvoir de marché oligopolistique. Cela s'explique notamment par la structure d'origine de l'industrie électrique norvégienne et par une régulation proconcurrentielle qui protège les consommateurs (Boroumand, 2015).

En revanche, le taux de changement de fournisseur (c'est-à-dire le nombre de consommateurs qui ont quitté le fournisseur historique pour un autre fournisseur) ne constitue pas un indicateur concurrentiel fiable. En effet, de nombreux consommateurs font des choix irrationnels en optant pour un autre fournisseur plus cher. C'est compréhensible, ces consommateurs sont face à des offres commerciales complexes dont le coût final n'est pas lisible.

Les architectes de la libéralisation des marchés de détail ont justifié l'utilité sociale des réformes concurrentielles par leurs bénéfices pour les consommateurs. Le compte n'y est pas. Le principe de concurrence existe, mais le bilan est négatif pour les consommateurs. La structure de marché est bien éloignée de celle d'un marché de détail concurrentiel. Nous étions une minorité à prédire l'échec de la libéralisation : le constat est sans appel. Prédire l'avenir est plus difficile que prédire le passé.

Dans ce contexte, la libéralisation laisse les citoyens européens critiques quant aux supposés bénéfices de la concurrence de détail, présentée comme indispensable au fonctionnement efficace des industries électrique et gazière. L'autorégulation des marchés de l'énergie par une « main invisible » est une gageure. La libéralisation n'a pas d'effet « automatique » sur les prix. Sans régulation efficace pour une concurrence effective, point de salut pour les consommateurs.

IDÉE REÇUE Nº 2

« L'exploitation du gaz de schiste est un remède contre le chômage »

La pensée dominante

Grâce aux hydrocarbures de schiste, les États-Unis ont retrouvé le chemin de la croissance et du plein-emploi. Selon une étude du cabinet de conseil IHS, le gaz et le pétrole de schiste auraient permis la création de 1,75 million d'emplois sur la période 2006-2012 et devraient engendrer 4 millions d'emplois en 2035. Le taux de chômage aux États-Unis est désormais bien inférieur à celui de l'Europe. Or, selon une étude commandée par l'Association internationale des producteurs de pétrole et de gaz[1], l'exploitation du gaz de schiste pourrait créer en Europe entre 400 000 et 800 000 emplois d'ici 2035. Les prévisions oscillent entre 600 000 et 1 million d'emplois à l'horizon 2050. L'exploitation du gaz et du pétrole de schiste apparaît donc comme une solution au chômage du vieux continent.

1 IOGP (International Association of Oil and Gas Producers), (2013), *The International Association of Oil and Gas Producers (IOGP) launches Pöyry study on The Macroeconomic Effects of European Shale Gas Production*, 25 novembre.

Notre mise au point

Traditionnellement, la production de gaz ou de pétrole est plutôt associée à une malédiction. Elle est faiblement créatrice d'emplois et génère une rente souvent mal redistribuée aux citoyens des pays producteurs. Dans la plupart des pays pétroliers ou gaziers, les emplois créés sont des postes de fonctionnaires. Leur nombre dépend principalement du volume et de la redistribution de la rente. La situation des États-Unis est distincte. Les emplois sont créés par la production de gaz-de manière directe, indirecte ou induite –, donc sans passer par le budget fédéral. Cependant, un certain nombre de facteurs montrent que l'expérience américaine n'est pas transposable en Europe. Pour le comprendre, certaines notions doivent être clarifiées.

Gaz naturel, gaz de schiste, emplois directs, indirects et induits, miniers et non miniers : de quoi parle-t-on ?

« En matière de créations d'emplois, certains chiffres atteignent le million, d'autres sont de l'ordre de plusieurs centaines de milliers. »

La base de référence est parfois la production d'hydrocarbures de schiste, parfois uniquement celle du gaz de schiste, ou encore l'ensemble du gaz naturel. La profusion de chiffres et de termes donne lieu à des interprétations erronées.

Premièrement, il est important d'établir une distinction claire entre emplois *directs*, *indirects* et *induits*. Les emplois directs sont les emplois directement liés à la mise en œuvre de l'exploitation des hydrocarbures de schiste (gaz ou pétrole) en prenant en compte les créations d'emplois dans plusieurs filières (minier, transport, services, construction…).

Les emplois indirects sont généralement ceux de la branche sous-traitante. Enfin, les emplois induits sont ceux affectés par l'activité d'autres secteurs. Ils peuvent inclure la dépense des revenus des nouveaux emplois (directs et indirects) dans l'économie ou la diminution des prix de l'énergie permettant de réaliser des gains de compétitivité industrielle.

Par ailleurs, il faut distinguer les emplois miniers (liés uniquement à l'exploitation du gaz ou du pétrole) des emplois non miniers (dans les autres secteurs, même plus ou moins reliés à l'exploitation des mines). Ces emplois non miniers peuvent être directs, indirects et induits.

Enfin, les emplois bruts et nets recouvrent deux réalités distinctes. Les emplois bruts prennent en compte les créations d'emplois, quand les emplois nets font référence au solde entre les emplois créés et détruits.

Pour évaluer ces créations d'emplois, certains organismes prennent en compte uniquement la production de gaz de schiste, d'autres l'élargissent au gaz et au pétrole de schiste, et enfin certains prennent en compte l'ensemble de la production de gaz naturel (gaz conventionnel et non conventionnel). Par exemple, le chiffre avancé par IHS-1,75 million d'emplois créés dans la période 2006-2012 – prend en compte les emplois directs, indirects et induits par l'exploitation du pétrole et du gaz de schiste. En ne considérant que l'exploitation du gaz de schiste, le même institut estime les créations d'emplois à 601 348.

De manière générale, qu'il s'agisse de gaz ou de pétrole de schiste, les créations d'emplois miniers sont quasi identiques, quel que soit le lieu. En revanche, les emplois directs, indirects et induits peuvent varier sensiblement en fonction de la maturité de l'industrie en place ou de l'impact sur les prix des énergies.

Concernant le différentiel de créations d'emplois entre le gaz conventionnel et le gaz non conventionnel, bien que les modèles de développement soient radicalement opposés-déclin rapide des puits, nécessité de forer des milliers de puits... –, les créations d'emplois miniers peuvent également être considérées comme globalement semblables.

Les emplois miniers dépendent donc directement du nombre de puits forés (qu'il s'agisse de pétrole ou de gaz de schiste, de conventionnel ou de non conventionnel). En revanche, les emplois non miniers (directs, indirects et induits) dépendent des caractéristiques de l'industrie concernée (maturité, flexibilité...), des revenus distribués et de l'impact sur les prix des énergies.

Quel est le nombre d'emplois miniers par puits ?

IHS avance le chiffre de 57 381 emplois miniers créés en 2010 grâce à l'exploitation des gaz de schiste[2]. Ce chiffre est à mettre en relation avec les 50 000[3] puits de gaz de schiste en activité aux États-Unis. Le multiplicateur « emploi minier/puits » est donc très faible, proche d'un emploi par puits.

Les promoteurs du gaz de schiste reconnaissent que les emplois miniers ont toujours été faibles dans l'industrie pétrolière et gazière. Ils avancent que les emplois non miniers (directs, indirects et surtout induits) peuvent être très nombreux. Le problème est que la plupart de ces emplois ne dépendent pas uniquement de l'exploitation du gaz de

2 IHS Global Insight, (2011), « The economic and employment contributions of shale gas in the United States ».

3 Chiffre avancé par Bruno Courme (Total, ex-directeur *shale gas* Europe) lors du Débat national sur la transition énergétique (DNTE), ministère de l'Écologie, du Développement durable et de l'Énergie, 3 juillet 2013.

schiste, mais aussi de celle du gaz conventionnel, du gaz de couche ou encore du « *tight gas* » (gaz de réservoir compact). Par exemple, les infrastructures de distribution ou la présence d'une industrie de services très développée aux États-Unis ne dépendent pas uniquement de l'exploitation des gaz de schiste, mais des 500 000 puits de gaz actuellement en activité. De même, la baisse des prix du gaz américain ne peut pas être entièrement attribuée au gaz de schiste, alors qu'il y a eu plus de 27 000 nouveaux puits de gaz en activité entre 2010 et 2011 et 108 000 entre 2004 et 2011. À cela il faut ajouter la diminution de la demande inhérente à la crise économique (entraînant une pression à la baisse sur les prix). La production de gaz de schiste a, certes, contribué à la réduction des prix du gaz et à la création d'emplois induits, mais il est excessif de lui attribuer l'intégralité de ces résultats.

Le même constat s'impose aux pétroles de schiste. La production a contribué à exercer une pression à la baisse sur les prix du pétrole. Néanmoins, il ne serait pas raisonnable de prétendre qu'ils en sont l'unique facteur. Le renchérissement du dollar et le ralentissement de la croissance mondiale (en particulier de la croissance chinoise, véritable locomotive de la demande d'hydrocarbures) sont d'autres déterminants à prendre en compte. Calculer les emplois induits par la baisse du prix du pétrole en les attribuant uniquement à la production de pétrole de schiste n'est pas économiquement fondé.

Le calcul précis de ces emplois non miniers est donc un exercice difficile et largement contestable. Néanmoins, des recherches se sont intéressées au calcul du multiplicateur entre la création d'emplois miniers et non miniers, dans le cas des États-Unis.

Quel est le multiplicateur « emplois miniers / non miniers » ?

Dans une étude réalisée en 2011, IHS avance le chiffre de 601 348 emplois (directs, indirects et induits) grâce à l'exploitation du gaz de schiste. Selon l'institut, 148 143 seraient des emplois directs, 193 710, des emplois indirects et 259 494, des emplois induits. Sur les 601 348 emplois créés, 57 381 seraient des emplois miniers. Donc, pour IHS, chaque emploi minier a généré la création de plus de 9 emplois non miniers. Un multiplicateur d'emplois très élevé, qui en ferait l'un des secteurs les plus créateurs d'emplois, devant celui de la construction.

Dans un article scientifique portant sur 362 comtés américains, J.G. Weber montre que chaque milliard de mètres cubes de production de gaz génère 18,5 emplois dans le comté de production[4]. Sur les 18,5 emplois, 7,5 sont des emplois dans le secteur minier et 11 sont non miniers. Chaque emploi créé dans le secteur minier génère donc la création de 1,4 emploi dans d'autres secteurs. Le multiplicateur d'emplois est par conséquent beaucoup plus faible dans l'analyse de J.G. Weber.

Selon les études, le multiplicateur est ainsi compris entre 1,4 et 9. IHS rappelle que la force du multiplicateur dépend principalement du fait que l'ensemble des fournisseurs de l'industrie du gaz de schiste (matériaux, services, produits métalliques...) sont américains et, de surcroît, des leaders mondiaux dans ces secteurs. Contrairement à d'autres industries ayant des fournisseurs à l'étranger, les sommes investies dans l'industrie du gaz de schiste restent donc aux États-Unis. Cela explique la force du multiplicateur. Pour J.G. Weber, le multiplicateur d'IHS est valable dans les

4 Weber, J.G., (2014), « A decade of natural gas development : The makings of a resource curse ? », *Resource and Energy Economics*, vol. 37, pp. 168-183.

quatre États américains qui ont la chaîne de valeur du gaz de schiste la plus développée au monde. Le multiplicateur d'IHS peut être donc considéré comme une borne supérieure. Il ne peut être appliqué à l'ensemble des États-Unis, et encore moins au reste du monde.

Or, la force du multiplicateur dépend principalement du niveau de développement de l'industrie gazière, de l'offre de services associés et de la baisse des prix de l'énergie. Dans le secteur pétrolier et gazier, les États-Unis ont un quasi-monopole des moyens. Si l'on considère que la baisse des prix sera limitée en Europe (de 10 à 20 % à l'horizon 2035, selon les études les plus optimistes), on peut conclure que le multiplicateur d'emplois y sera probablement beaucoup plus faible qu'aux États-Unis.

La plupart des estimations en Europe prévoient pourtant un multiplicateur plus élevé. Un article publié dans la revue *Risques* présente deux scénarios de développement du gaz de schiste pour le continent, entre 2020 et 2050[5]. Ils permettraient la création de 0,5 à 1,1 million d'emplois et nécessiteraient le forage de 23 000 à 50 000 puits. Dans ces scénarios, le multiplicateur n'est plus 9 (borne supérieure des États-Unis), mais 21. Par conséquent, soit les prévisions sont largement surévaluées[6], soit il va falloir forer davantage de puits.

Le multiplicateur d'emplois miniers / non miniers en Europe est probablement bien plus faible que la borne inférieure américaine (1,4). En supposant qu'il soit équivalent, les 23 000 à 50 000 puits annoncés dans les scénarios précédents créeraient de 55 000 à 120 000 emplois dans toute l'Europe à l'horizon 2035.

5 Charlez, P., (2014), « La révolution américaine des énergies non conventionnelles », *Risques*, n° 99.

6 Dans un article scientifique publié dans la revue *Energy Economics*, J.G. Weber montre que les estimations des créations d'emplois avant exploitation avaient été surévaluées.

En reprenant les ressources estimées de gaz de schiste en France par rapport à l'Europe et en se fondant sur les hypothèses de puits des deux scénarios, on peut estimer le nombre de puits en France (voir le tableau 1 ci-dessous). Sachant que le pays représente 29 % des réserves estimées européennes, le nombre de puits nécessaires se situe entre 6 670 et 14 500. En refaisant les calculs précédents, on arrive à des créations d'emplois comprises entre 16 008 et 34 800 à l'horizon 2035. Les réserves françaises de gaz de schiste étant parfois situées dans des régions touristiques, il pourrait y avoir des destructions d'emplois dans le secteur du tourisme. La création massive d'emplois nets n'est donc pas une certitude.

Tableau 1. Estimations du nombre de puits par pays

Pays	Estimations des réserves possibles (en %)	Estimations du nombre de puits
Pologne	31,5	7 245-15 750
France	29	6 670-14 500
Roumanie	11	2 530-5 500
Danemark	5,5	1 265-2 750
Grande-Bretagne	6,5	1 495-3 250
Pays-Bas	5	1 150-2 500
Autres	11,5	2 645-5 750
Total	100	23 000-50 000

Source : US Energy Information Administration 2014 /
Calcul des estimations du nombre de puits par les auteurs

En définitive, même en utilisant un multiplicateur d'emplois américain, les estimations de créations d'emplois grâce à l'exploitation du gaz de schiste s'avèrent beaucoup trop faibles pour répondre au fléau du chômage en France et en Europe.

IDÉE REÇUE Nº 3

« La catastrophe de Fukushima a mis un coup d'arrêt au nucléaire dans le monde »

La pensée dominante

Par son extrême gravité, la catastrophe de Fukushima a eu un retentissement mondial. Depuis sa survenue, la production d'électricité à partir de centrales nucléaires fait l'objet de controverses et de fortes inquiétudes dans de nombreux pays. Les inquiétudes portent notamment sur le risque de contamination radioactive et le traitement des déchets nucléaires. L'accident de Fukushima est le troisième accident nucléaire après Three Mile Island (États-Unis, mars 1979) et Tchernobyl (Ukraine, avril 1986). Fukushima a eu lieu alors que la tendance mondiale était à une relance du nucléaire depuis les années 2000. Cet accident majeur relance le débat sur l'acceptabilité et la viabilité du nucléaire. Dès lors, de nombreux gouvernements ont dû tenir compte des fortes critiques d'une part croissante de leurs opinions publiques à l'encontre du nucléaire. Ils ont réorienté leur politique énergétique pour réduire la part du nucléaire, voire engager une sortie complète. Fukushima sonne le déclin durable et mondial du nucléaire.

Notre mise au point

La France a décidé en 2014 de réduire la part du nucléaire dans la production d'électricité de 75 % à 50 % d'ici 2025. D'autres pays, comme l'Allemagne ou le Japon (qui a fermé ses 54 réacteurs[1]), ont engagé une politique plus radicale de sortie complète (mais progressive) du nucléaire. En raison de la catastrophe de Fukushima, l'Allemagne a accéléré sa sortie du nucléaire (initialement prévue pour 2036). Les huit réacteurs à l'arrêt depuis 2011 (70 TWh de production annuelle, soit 12 % de la production totale d'électricité en Allemagne) ne redémarreront pas et les neuf autres (produisant environ 80 TWh) seront stoppés. Enfin, certains pays ont, dès le début, renoncé à s'engager dans la voie du nucléaire (Italie). Est-ce révélateur d'un déclin mondial et durable du nucléaire ? Contrairement à une idée reçue, la catastrophe de Fukushima n'a pas mis un terme à l'essor du nucléaire dans le monde. De nombreux pays investissent dans cette technologie pour produire de l'électricité. Le panorama mondial est très contrasté.

Les contraintes et les risques du nucléaire civil

Le nucléaire est la première source de production d'électricité en Europe.

L'accident de Fukushima a replacé les risques du nucléaire au cœur de l'actualité énergétique mondiale. Les pays nucléaires doivent gérer les contraintes liées aux nouvelles exigences de sûreté et sont confrontés au vieillissement de leur parc de centrales. La gestion d'un parc

1 Le Japon a fermé le dernier de ses 54 réacteurs en septembre 2013 alors qu'il prévoyait en 2011 d'assurer 50 % de sa production d'électricité grâce au nucléaire.

consiste à décider du maintien, du démantèlement ou de la construction de nouveaux réacteurs. Dans un contexte de finances publiques tendues et alors que les énergéticiens européens font face à des difficultés financières, de lourds investissements sont nécessaires pour la maintenance et la rénovation du parc nucléaire européen. Ces investissements doivent permettre de renforcer la sûreté des centrales, prolonger leur durée de vie ou démanteler celles dont l'activité est arrêtée. Bien évidemment, le renforcement de la sûreté a un coût. Ce coût est transféré sur le prix de vente de l'électricité aux consommateurs.

Il est regrettable de ne pas disposer de normes homogènes de sûreté sur le plan international alors que les conséquences d'un accident nucléaire ne s'arrêtent pas aux frontières d'un pays. La mise en place de tests de sûreté (tests de résistance) sur la base de standards hétérogènes n'est pas appropriée. Il est impératif de créer d'urgence une autorité internationale pour la sûreté nucléaire.

Le stockage à long terme des déchets radioactifs représente une autre contrainte forte du nucléaire. Peu de pays nucléaires ont ouvert des sites de stockage des déchets (la France, la Finlande et la Suède l'ont fait).

Le coût élevé du nucléaire de troisième génération

Les réacteurs nucléaires à eau pressurisée de troisième génération (EPR, pour *European Pressurized Reactor*), dont celui de Flamanville (France), doivent faire face à un gouffre financier bien qu'ils ne présentent pas de rupture technologique majeure par rapport aux réacteurs de

2e génération[2]. Le coût initial avait été estimé à 3,3 milliards. En 2015, le coût total était évalué à 8,5 milliards et la production n'avait toujours pas démarré (elle était initialement prévue pour 2012). En février 2024, les coûts sont encore plus élevés et le réacteur n'est pas encore opérationnel. Les différents surcoûts et le retard d'achèvement fragilisent considérablement la crédibilité de l'EPR à l'export. Avec un coût estimé entre 80 et 100 euros le MWh contre 80 euros pour l'éolien, la compétitivité de l'EPR est mise à mal. Si la compétitivité-coût des réacteurs de 2e génération est réelle, ce n'est pas le cas pour le nucléaire de 3e génération. Les EPR en construction en Finlande et en Grande-Bretagne ne permettent pas de penser que les coûts soient maîtrisés.

La technologie nucléaire, un choix privilégié par de nombreux pays

Même si le nucléaire est caractérisé par des coûts croissants, en raison notamment du renforcement (et donc du renchérissement) des normes de sûreté (on parle de « courbe d'apprentissage inversée »[3]), de nombreux pays considèrent le nucléaire comme une technologie pertinente en matière de politique énergétique et climatique.

Malgré l'absence de consensus sur le coût complet du nucléaire, ce dernier est considéré par de nombreux pays comme une technologie compétitive. Dans le cas français, le nucléaire contribue à rendre les entreprises, grandes

2 De type PWR (*Pressurized Water Reactor*, réacteur à eau pressurisée ; près de la moitié des réacteurs dans le monde) ou BWR (*Boiling Water Reactor*, réacteur à eau bouillante).

3 À technologie constante, le coût croît avec les années en raison des coûts de maintenance et du renforcement des normes de sûreté.

consommatrices d'électricité, plus compétitives à l'exportation grâce à un coût de l'électricité moins élevé que d'autres pays européens. Selon un rapport de la Cour des comptes publié en 2014, le coût économique complet de l'électricité nucléaire est compris entre 55 et 60 euros le MWh selon que la durée de vie des centrales est de 40 ans ou est prolongée de 10 ans[4].

Certes, ce coût a augmenté, mais le coût de l'électricité française reste inférieur à la moyenne européenne. En matière de balance commerciale, le nucléaire et l'hydraulique contribuent à éviter une aggravation du déficit. La production d'électricité « *made in France* » (nucléaire et hydraulique) évite au pays des milliards d'euros d'importations d'hydrocarbures et contribue à ce titre à une meilleure sécurité d'approvisionnement. À moyen terme, réduire le nucléaire sans compensation immédiate par des sources renouvelables reviendrait à augmenter les importations gazières. Avec une production régulière et importante d'électricité nucléaire et une position géographique centrale en Europe, la France est un gros exportateur d'électricité.

Ces attributs du nucléaire expliquent le revirement spectaculaire de la politique énergétique japonaise dès 2013. Le Japon, avec un endettement record à 210 % du PIB, s'est relancé sur le chemin du nucléaire en juillet 2013, soit seulement deux ans après Fukushima. La nécessité de réduire l'endettement par une réduction de la facture énergétique a été privilégiée par le gouvernement japonais malgré une opinion publique hostile au nucléaire. Le gouvernement s'est montré sensible aux arguments économiques

4 Sur la base d'un pur critère économique, le rapport « Énergies 2050 » de 2012 préconise de prolonger de dix ans la durée de vie du parc nucléaire français (sous condition absolue d'autorisation par l'Autorité de sûreté nucléaire), plutôt que de fermer des centrales amorties pour les remplacer.

et d'indépendance énergétique[5] du lobby industriel nippon. Le Japon va recourir au nucléaire comme substitut partiel des importations d'hydrocarbures pour sa production d'électricité.

Avec des réserves mondiales d'uranium considérables et une variété des pays sources (Canada, Australie, Kazakhstan, Niger…), le risque géopolitique est faible.

Dans le contexte d'urgence climatique, le fait que l'énergie nucléaire soit décarbonée explique l'intérêt de pays comme la Chine ou l'Inde, dont le bilan carbone est très lourd du fait d'un recours massif au charbon pour la production d'électricité. La France, avec une production d'électricité à 70 % d'origine nucléaire est l'un des pays dont le système électrique émet le moins de CO_2. Le Royaume-Uni, qui se fixe d'ambitieux objectifs d'amélioration de son bilan carbone, veut renouveler son parc nucléaire dans la décennie à venir.

Le réchauffement climatique contribue à une renaissance du nucléaire. La croissance de la population mondiale va se traduire par une hausse de la consommation d'énergie, et en particulier d'électricité malgré les ambitions affichées en matière d'efficacité énergétique de nombreux pays de l'OCDE. L'idéal serait de produire et pouvoir stocker à grande échelle de l'électricité renouvelable tout en augmentant l'efficacité énergétique. Toute politique énergétique doit faire l'objet d'études d'opportunité et de faisabilité robustes.

5 Sur la notion d'indépendance énergétique, il convient d'être précis pour ne pas la confondre avec la notion de sécurité d'approvisionnement. La France est souvent considérée comme indépendante sur le plan énergétique alors que la production d'électricité nucléaire française s'appuie sur une ressource naturelle (l'uranium) importée à 100 % pour faire fonctionner les centrales (Interview de R. Boroumand pour le magazine *L'Expansion*, https://www.lexpress.fr/economie/energie-une-autonomie-en-trompe-l-oeil_1420009.html.

Le nucléaire, un plausible développement à l'horizon 2035

Malgré les fortes contraintes et les enjeux de sûreté du nucléaire, de nombreux pays ont estimé le triptyque coût-risque-avantage en faveur du nucléaire dans un contexte d'urgence climatique. Ils considèrent le choix nucléaire comme rationnel pour décarboner l'économie. Le Royaume-Uni, la Slovaquie, la Bulgarie, la Roumanie et la Russie poursuivent l'option nucléaire[6]. En France, la ministre chargée de l'énergie a estimé en janvier 2015 qu'il fallait « programmer la construction d'une nouvelle génération de réacteurs » pour remplacer les anciens.

Les recherches sur les technologies nucléaires nouvelles pourront peut-être atténuer les contraintes et risques des technologies actuelles. Les réacteurs de 4e génération, les surgénérateurs (les RNR, réacteurs à neutrons rapides), semblent présenter moins de contraintes. Ces nouvelles technologies devraient permettre de disposer de réacteurs plus performants, plus sûrs et moins nocifs. À très long terme, la fusion nucléaire (projet ITER, implanté en France à Cadarache) ambitionne de réduire le volume des déchets nucléaires. Quoi qu'il en soit, les choix énergétiques présents ne peuvent être gagés sur des technologies futures qui restent incertaines.

Force est de constater que, malgré ses coûts d'investissement colossaux, le nucléaire revient dans l'équation énergétique mondiale. En matière nucléaire, le monde est bipolaire. En réalité, le centre de gravité du nucléaire s'est

6 Certains pays européens se lancent dans le nucléaire pour réduire leur dépendance gazière à l'égard de la Russie… avec une technologie russe. La Russie souhaite également exporter ses réacteurs au Vietnam et en Turquie.

déplacé vers l'Asie avec une relance du nucléaire en Chine, en Inde,[7] en Corée du Sud,[8] et aux Émirats arabes unis. Les pays émergents font face à une forte croissance de leur consommation d'électricité. Sur les 48 réacteurs en construction en 2013, 42 le sont dans les pays émergents d'Asie. La Chine pourrait devenir la première puissance nucléaire en 2035. Il est crucial de disposer d'autorités de sûreté compétentes, transparentes et indépendantes pour contrôler la nouvelle industrie nucléaire de ces pays. D'autre part, la création d'une agence internationale de contrôle de la sûreté nucléaire est impérative. Une gouvernance mondiale contraignante s'impose pour atteindre un niveau de sûreté maximal et éviter le déploiement du nucléaire « *low cost* ». Ce dernier correspond à des réacteurs moins coûteux utilisant une technologie moins sûre. Le rôle actuel de l'AIEA (Agence internationale de l'énergie atomique) doit être renforcé.

Rien ne permet donc de conclure à un déclin du nucléaire post-Fukushima. Le choix de sortie de certains pays ne doit pas éclipser un panorama mondial hétérogène. De nombreux pays avaient décidé avant Fukushima leur sortie du nucléaire. Cependant, c'est bien une augmentation des capacités nucléaires qui semble se profiler à l'horizon 2035. Le nucléaire paraît donc incontournable pour décarboner le futur mix électrique mondial, même si les délais de construction de nouvelles centrales sont trop longs dans cette course contre la montre pour sauver le climat. Les progrès technologiques dans le domaine des énergies renouvelables, du stockage de l'électricité et les

7 L'Inde a signé un accord avec les États-Unis pour importer la technologie nucléaire. Elle vise 12 à 15 réacteurs.

8 La Corée du Sud va exporter sa technologie vers les Émirats arabes unis.

investissements en matière d'efficacité énergétique sont des piliers de la transition énergie-climat.

Aucune énergie n'est parfaite. L'arbitrage s'effectue entre différents inconvénients de long terme.

IDÉE REÇUE Nº 4

« Un prix universel du carbone est l'instrument le plus efficace pour lutter contre le réchauffement climatique »

La pensée dominante

Dans la lutte contre le réchauffement climatique, chaque pays est incité à se comporter comme un « passager clandestin » en laissant les autres réaliser les efforts à sa place. Pour résoudre ce problème, il faut appliquer le principe du « pollueur-payeur » en imposant un prix unique sur les émissions de CO_2 à l'ensemble des pays, quel que soit leur niveau de développement. Ce prix universel du carbone se justifie pour deux raisons principales. La première est que le CO_2, qu'il soit émis aux États-Unis ou au Bangladesh, a le même impact négatif sur le climat. La deuxième est que, sans un prix uniforme, certains pays risquent d'être tentés de délocaliser leurs activités polluantes vers des États où le prix du carbone sera plus faible ou inexistant. Fixer un prix unique mondial aux émissions de CO_2 est donc le mécanisme le plus efficace pour lutter contre le réchauffement climatique.

Notre mise au point

La tarification du carbone fait partie des instruments nécessaires pour limiter le réchauffement climatique à un maximum de 2 °C. Néanmoins, l'expérience du marché du carbone européen nous rappelle que la construction d'un marché et la définition d'un prix ne sont pas naturelles, mais résultent de rapports de force sous-jacents entre agents économiques. Dès lors, compte tenu des différences historiques d'impact sur le climat entre pays développés et en développement, il y a de fortes chances pour que la fixation d'un prix du carbone uniforme accouche d'une souris.

Les leçons à tirer du marché du carbone européen

Actuellement, les dispositifs mis en place pour lutter contre le réchauffement climatique reposent principalement sur des mécanismes de marché. Dans cette vision, la concurrence stimule l'innovation et entraîne une baisse des prix ; mais comme le prix du marché n'incorpore pas les externalités négatives (la pollution et l'impact sur le réchauffement climatique), il faut y ajouter un prix du carbone-déterminé sur un autre marché – pour orienter le choix des consommateurs et des producteurs vers des activités moins polluantes. C'est ce raisonnement qui a entraîné la création d'un marché du carbone en Europe, dans les années 2000.

La construction du marché du carbone européen (appelé EU ETS, pour *European Union Emission Trading Scheme*) nous rappelle combien un marché est avant tout une construction sociale, avec des rapports de force sous-jacents. L'objectif était d'attribuer un prix au CO_2 et d'inciter les entreprises à s'orienter vers des modes de production moins polluants. Le projet consistait à définir par pays des plafonds d'émissions de carbone, pour les entreprises et secteurs polluants. Ensuite, par le jeu du marché, il était possible pour les entreprises les plus polluantes d'acheter les quotas d'entreprises qui émettent moins que leur plafond autorisé. Et comme les quotas d'émissions ont été suralloués, grâce à un lobbying efficace, le prix du carbone a fortement chuté pour atteindre le niveau dérisoire de 3 euros la tonne. Alors que le principe de ce marché était d'inciter les entreprises à réduire leurs émissions, il n'a été qu'un outil pour les encourager à ne pas changer.

On peut donc facilement envisager que le scénario européen se reproduise à l'échelle mondiale dans les négociations, notamment avec les très puissants pays émergents, pour fixer le niveau du prix du carbone. D'autant plus que les pays de l'OCDE sont responsables des deux tiers des émissions de CO_2 au XXe siècle, alors qu'ils ne représentent que 15 % de la population mondiale. C'est cette dette climatique qui a longtemps été au cœur du blocage des négociations lors des différents sommets climatiques. Dans ces conditions, on imagine mal les pays émergents ou en développement accepter un prix du CO_2 équivalent à celui des pays riches, alors que ces derniers ont pu se développer sans intégrer la contrainte climatique. Or, c'est principalement cette dette climatique des pays développés à l'égard des pays en développement qui rend utopique l'application concrète d'un prix unique et élevé du carbone. Si les pays retiennent l'option d'un prix uniforme, il sera très certainement trop faible pour satisfaire l'ensemble des parties prenantes. Dès lors, son efficacité sera comparable à celle du marché du carbone européen.

Définir un prix du carbone équitable et progressif

Une méthode pourrait consister dans l'attribution d'un prix du carbone par pays en fonction de l'IDH (indice de développement humain) et des émissions consommées de CO_2 par tête[1]. Nous retenons volontairement les émissions liées à la consommation, afin d'intégrer le mouvement de délocalisation des industries des pays développés vers les pays émergents (voir idée reçue n° 20). Par exemple, un pays comme la Chine est considéré comme « l'usine du monde » et une grande partie de ses émissions est inhérente à la production de biens qui sont consommés en Europe et aux États-Unis. Une approche par les émissions consommées est donc plus juste.

Sous l'égide d'une organisation multilatérale, le prix du carbone serait ainsi fixé selon un prix de référence dépendant de l'IDH et des émissions consommées de CO_2. Par exemple, si un pays consomme plus de CO_2 que le montant attribué à son niveau d'IDH, il devra payer un prix plus élevé que le prix de référence établi, et inversement. Bien entendu, les prix de référence, fonctions des IDH et des émissions, seront estimés relativement à une trajectoire permettant d'atteindre l'objectif cible de réduction des émissions de dioxyde de carbone.

Ce mode de calcul a pour avantage de permettre la création d'un barème de référence des prix du carbone en fonction du niveau de développement. Le principe serait un prix progressif en fonction de seuils d'IDH. L'idée sous-jacente est celle d'une corrélation, jusqu'à un certain niveau de développement, entre les émissions de CO_2 et l'IDH : un pays pauvre n'a pas à payer

1 Boroumand, R. H., Goutte, S., Porcher, T. et Stocker, T. F., (2022), « A fair and progressive carbon price for a sustainable economy », *Journal of Environmental Management*, vol. 303, 113935.

un prix du carbone élevé lorsqu'il commence à se développer. À mesure qu'il décollera économiquement, ses émissions de CO_2 et son prix du carbone augmenteront conjointement. Cette progressivité du prix du carbone l'incitera également à avoir considérablement et rapidement recours aux énergies renouvelables dans son mix énergétique et à investir dans des infrastructures bas carbone. Enfin, les pays riches qui ont un IDH élevé et une économie largement orientée vers les services paieront un prix du carbone élevé et seront incités à accélérer leur transition énergétique. En tenant compte des inégalités de développement, ce mécanisme adhère pleinement au principe de la « responsabilité commune mais différenciée » de la convention climat. Il permet également de sortir de cette vision binaire et obsolète : pays industrialisés contre pays pauvres. Avec ce mode de calcul, les pays émergents seront davantage encouragés à coopérer, car ils conservent leur avantage compétitif (mais provisoire) par rapport aux pays industrialisés.

Parmi les pays riches, ceux qui émettent des émissions plus que nécessaire paieront un prix du carbone très élevé. Une simple comparaison des 20 premiers pays par IDH révèle que certains pays ont d'importantes différences d'émissions de CO_2, pour des standards de vie globalement similaires. Par exemple, en 2015, la France consommait 8 tonnes de CO_2/habitant, contre 19 tonnes de CO_2 pour un Américain, alors que leurs IDH restent assez proches (0,88 pour la France et 0,91 pour les États-Unis). Dans ce cas, le prix du carbone américain serait largement plus élevé qu'en France.

Ce mécanisme est également un instrument pour que la compétitivité ne soit pas un prétexte à l'inaction climatique. Les systèmes de production les plus sobres auront un prix du CO_2 plus faible, et donc une meilleure compétitivité.

En tenant compte des réalités locales, un mécanisme de tarification progressive du carbone inciterait plus facilement les gouvernements à coopérer. Cependant, l'attribution d'un prix au carbone ne sera pas le remède miracle pour sauver le climat. Même dans les meilleures conditions, nous ne pouvons garantir à 100 % son efficacité. Il y a de nombreux cas en économie où le signal-prix n'a pas eu l'effet escompté. Pour une lutte efficace contre le réchauffement climatique, il faut également des investissements massifs dans les énergies renouvelables, dans la rénovation thermique des bâtiments et une prise en compte systématique de l'impact climatique dans les choix économiques. Nous sommes à un seuil critique qui impose une restructuration majeure des modes de production et de consommation au niveau mondial. Les mécanismes de marché, comme le prix du carbone, sont nécessaires, mais pas suffisants, pour relever ce défi.

IDÉE REÇUE Nº 5

« La politique énergie-climat de l'Europe est un succès »

La pensée dominante

La coopération énergétique est à la source même du projet européen. Ce dernier s'est structuré autour de la Communauté européenne du charbon et de l'acier regroupant la France, l'Allemagne, l'Italie et les pays du Benelux (traité CECA signé à Paris en 1951). La logique du traité n'était pas seulement économique, mais aussi politique. Il s'agissait de poser le premier jalon de l'intégration européenne. L'Europe a eu conscience, dès sa création, de l'impératif de se doter d'une politique énergétique visionnaire et ambitieuse. Cette politique a permis d'atteindre trois objectifs : la compétitivité industrielle, la forte baisse des émissions de CO_2 et la sécurité d'approvisionnement. La pertinence de la politique énergétique européenne est un moteur pour la croissance économique. En matière énergétique, l'Europe occupe une position de leader mondial. C'est un modèle à suivre.

Notre mise au point

L'Union européenne doit définir un cap et mettre en place une politique qui combine sécurité d'approvisionnement, développement des énergies renouvelables, compétitivité industrielle et maintien du pouvoir d'achat des ménages. Imposer un quota d'énergies renouvelables sur un marché libéralisé est paradoxal. En cherchant à atteindre des objectifs contradictoires, l'Europe est dans l'impasse. Afin d'éviter un « chaos énergétique », elle doit adopter une stratégie collective pour une transition énergétique réussie et un rôle de leader dans la lutte contre le réchauffement climatique.

Un triple échec

Au regard des objectifs fixés, la politique européenne est un échec. La libéralisation n'a pas conduit aux baisses annoncées des prix de détail (voir l'idée reçue n° 1). L'objectif de compétitivité industrielle n'est pas atteint. L'énergie est deux fois plus chère qu'aux États-Unis. L'Agence internationale de l'énergie (AIE) prévoit le maintien, à moyen terme, d'un écart de facteur 2 au profit des entreprises américaines. Or, le redressement et la décarbonation de l'industrie européenne doivent s'appuyer en partie sur des coûts énergétiques compétitifs. Un système énergétique efficace est le fondement d'une forte compétitivité industrielle. Pour les industries très énergivores pétrochimie, sidérurgie…) exposées à la concurrence internationale, le coût de l'énergie est un facteur clé.

En matière environnementale, la lutte contre le réchauffement climatique par la réduction des émissions de CO_2 est fortement remise en cause par le recours au charbon de certains pays européens. L'Europe est certes pionnière en matière de politique énergétique, mais les paradoxes de sa politique entravent sa crédibilité climatique.

Les paradoxes de la politique énergie-climat de l'UE

Toute politique énergie-climat cohérente doit éviter l'engagement sur des trajectoires contradictoires. En libéralisant le secteur de l'énergie, l'Europe s'inscrit dans une logique de marché et de concurrence depuis les années 1990. Dans ce cadre, les choix technologiques des énergéticiens sont supposés être orientés par la rentabilité de chaque énergie (gaz, charbon, fioul, énergies renouvelables (EnR)), selon de stricts mécanismes de marchés. Le signal-prix doit guider les choix d'investissements technologiques (c'est-à-dire offrir une visibilité sur la rentabilité des investissements en production) des énergéticiens, avec une intégration sans dommages des énergies renouvelables. Or, le paquet énergie-climat de 2008 propose des objectifs quantitatifs (20 %) pour des technologies spécifiques (les énergies renouvelables) qui relèvent de choix gouvernementaux. De nombreux pays mènent des politiques de subvention des renouvelables. Ces pays font, à raison, l'inverse de ce qui est attendu d'un secteur libéralisé. Toute politique énergétique de soutien aux renouvelables doit évaluer les impacts sur la rentabilité des centrales de pointe et semi-bases et mettre en place des mécanismes pour inciter les producteurs d'électricité à maintenir des centrales pilotables en fonction pour remédier à l'intermittence des énergies renouvelables (voir l'idée reçue n° 16).

L'origine des défaillances du système électrique européen repose sur la coexistence d'un mécanisme de marché, d'un mécanisme de subvention et d'une composante CO_2, avec un cloisonnement de ces trois composantes. Afin de réduire les émissions de dioxyde de carbone, il faut redéfinir le signal-prix du CO_2 *via* une restructuration du marché du carbone européen.

Pour être crédible sur un plan climatique, l'UE doit mener des actions concrètes avec des résultats probants. L'échec des sommets internationaux sur le climat s'explique par la faible implication de chaque pays, qui préfère adopter un comportement de « passager clandestin » et laisser les autres pays prendre des mesures contre le réchauffement climatique. Ces comportements opportunistes s'expliquent par la réticence des gouvernements à adopter des mesures considérées comme impopulaires ou contraignantes, et dont les impacts positifs seront globaux et à long terme. Au-delà d'un consensus scientifique international, il faut un consensus politique fort sur un plan d'investissements pour le climat.

Une transition énergétique non coopérative et désordonnée

En annonçant sa sortie complète et accélérée du nucléaire sans concertation[1], l'Allemagne fait cavalier seul, alors même que ses choix ont d'importantes répercussions sur ses voisins européens. Le choix allemand de fermer ses 17 centrales nucléaires modifie radicalement l'équilibre offre-demande du système électrique européen. La transition énergétique allemande (appelée *Energiewende*) met le système électrique européen sous tension (voir l'idée reçue n° 16). Si l'Allemagne peut adopter une politique anucléaire, c'est parce que ses voisins européens disposent de centrales de production thermiques en *back-up* (en soutien). Ces énergies pilotables prennent le relais les nuits d'hiver

1 Nous n'analysons pas ici la pertinence de cette décision, mais son impact sur l'équilibre du système électrique européen.

(absence de soleil) et les journées d'été (vent faible) pour répondre à la demande. *A contrario*, en période d'excès de production, la position géographique exceptionnelle de l'Allemagne lui permet d'exporter ses excédents d'électricité éolienne ou photovoltaïque vers les pays riverains. Au premier trimestre 2013, l'Allemagne est devenue le premier exportateur européen d'électricité.

Le choix allemand est-il tenable à long terme ? Est-il reproductible dans le reste de l'UE ? Le dispositif est très onéreux et les ménages allemands supportent proportionnellement plus que les autres secteurs économiques les conséquences de ces choix.

Peut-on en même temps sortir du nucléaire et décarboner le système énergétique ? L'Allemagne a cherché à dénucléariser et décarboner son système électrique sans s'appuyer sur une rupture technologique majeure. Elle a dû recourir aux combustibles fossiles (en particulier le charbon) pour boucler l'équilibre offre-demande, ce qui n'est pas probant dans une politique de transition énergétique.

À moyen terme, la diminution des volumes consommés *via* la sobriété et l'efficacité énergétique atténuera la hausse des prix-et des émissions de CO_2. La leçon que l'Europe doit tirer du cas allemand est qu'une transition énergétique réussie nécessite des choix politiques coordonnés. Ces choix ne vont pas naître naturellement, par le jeu du marché, qui a tendance à se polariser sur la technologie la plus rentable. Or, chaque pays mène sa propre transition énergétique, en privilégiant parfois une énergie sans se soucier de l'impact sur ses voisins, faisant courir des risques sur la sécurité d'approvisionnement électrique européen (voir l'idée reçue n° 16).

Un leadership européen très incertain dans les énergies renouvelables

Si l'Europe dispose de champions industriels dans les énergies traditionnelles (gaz, nucléaire, pétrole), la domination chinoise dans la filière photovoltaïque suscite des doutes quant à la capacité de l'Europe à développer un leadership dans les énergies renouvelables. Dans le secteur énergétique, les affrontements entre pays ne se cantonnent pas qu'aux hydrocarbures. La rivalité économique se déplace au gré des nouvelles frontières énergétiques. Dans la filière du solaire photovoltaïque, la Chine est parvenue, par un meilleur savoir-faire industriel et le contrôle de la filière, à fortement déstabiliser l'industrie européenne grâce aux prix très faibles des équipements chinois et l'accès aux métaux rares nécessaires à la transition énergie-climat.

Une transition énergétique au financement incertain

La dette des énergéticiens européens et celle des États européens ont explosé. Si le coût global de la transition énergétique reste imprécis, il se chiffre à plusieurs centaines de milliards d'euros. L'effort financier est historique. Le secteur énergétique est fortement capitalistique et caractérisé par des durées d'investissement longues. Des investissements importants devront être réalisés pour adapter les réseaux de transport d'électricité aux EnR. La question des financements et de la bonne allocation des ressources est cruciale, surtout dans la zone euro, où les marges de manœuvre budgétaires sont faibles. Cependant, le coût de la transition énergétique doit être comparé au coût de l'inaction pour le climat. Le rapport Stern révèle que les coûts du réchauffement climatique entraîneraient une perte annuelle de PIB mondial comprise entre 5 % et 14 %, alors qu'une politique de forte réduction des émissions de CO_2 se limiterait à 1 % du PIB mondial.

L'« Europe de l'énergie » : un vœu pieux ?

L'UE doit adopter une stratégie collective robuste pour une transition énergétique efficace contre le réchauffement climatique. Une « Europe de l'énergie » implique la recherche d'un optimum énergétique européen, non la juxtaposition de stratégies nationales. La transition énergétique européenne, véritable impératif, ne doit pas rester un vœu pieux. Elle doit permettre la mise en place d'un bouquet énergétique équilibré et d'une coordination des systèmes énergétiques nationaux par un régulateur européen.

L'UE doit fixer un cap et adopter une approche systémique de la transition énergétique, afin d'éviter que l'Europe de l'énergie reste au milieu du gué. Les énergéticiens, les industriels, les investisseurs et les consommateurs ont besoin d'un cadre réglementaire stable et cohérent. La confiance des acteurs de l'énergie n'est pas compatible avec une politique énergétique versatile. L'heure est aux choix éclairés et non dogmatiques, pour sortir sans délai de l'impasse énergétique. L'Europe doit adopter une vision coordonnée des enjeux énergétiques et climatiques (investissements, fiscalité, R&D, finance-climat, capital humain), au lieu d'une approche désordonnée et parcellaire, source d'inefficiences. Il est fort regrettable que deux pays moteurs (la France et l'Allemagne) n'aient pas de vision convergente sur la trajectoire de la transition énergétique. Enfin, la politique énergie-climat de l'UE doit intégrer la notion de temporalité, c'est-à-dire anticiper l'horizon temporel nécessaire à l'application effective de sa politique. L'énergie doit être le moteur de l'intégration européenne. Le secteur électrique, le vecteur d'une économie sobre en carbone. La transition énergétique est certes plus difficile en période de crise économique, mais elle n'en est pas moins indispensable. L'Europe a une carte majeure à jouer dans le leadership climatique mondial face au choc des titans entre les États-Unis et la Chine.

IDÉE REÇUE Nº 6

« La tarification progressive réduit la consommation d'énergie »

La pensée dominante

La tarification progressive de l'électricité et du gaz était l'un des engagements phares du président François Hollande lors de la campagne de 2012. Elle a pour objectif de « faire sortir huit millions de Français de la précarité énergétique »[1] par un prix plus bas pour les premiers kWh consommés.

Grâce à ce mécanisme, les objectifs environnemental et social de politique énergétique sont atteints. L'objectif environnemental est atteint via *une baisse de la consommation énergétique française et une réduction des émissions de gaz à effet de serre. L'objectif social s'appuie sur le postulat selon lequel les plus gros consommateurs sont systématiquement les ménages appartenant aux CSP les plus aisées. En imposant un* malus *financier à ces ménages, la tarification est plus juste et constitue un levier efficace de réduction de la précarité énergétique. Elle conduit à la mise en place d'un système de subventions croisées entre les tranches de consommation hautes et basses, au profit d'une plus grande équité sociale.*

---

1 Un ménage est considéré comme « précaire » lorsque ses dépenses consacrées à l'énergie sont supérieures à 10 % de ses revenus.

Notre mise au point

Les objectifs environnemental et social sont primordiaux, mais aucun d'entre eux ne peut être atteint *via* la tarification progressive. Cette mesure est complexe, inefficace, coûteuse, mais aussi potentiellement injuste sur le plan social. Elle ne tient pas compte de l'inélasticité de la demande d'électricité, des effets rebonds ni de l'hétérogénéité des situations de logement. C'est une fausse bonne idée. Pour l'électricité, c'est la tarification dite « dynamique » qui est plus appropriée.

Quel est le principe de la tarification progressive ?

L'idée de réduire la consommation d'électricité, de gaz ou d'eau en instaurant une tarification dite « progressive » n'est pas nouvelle. Elle est déjà pratiquée dans de nombreux pays (notamment au Japon, en Italie ou en Californie).

Pour l'énergie, une telle mesure vise à faire payer un prix différent par unité de mesure (kWh pour l'électricité et m^3 pour le gaz), en fonction de la tranche de consommation. Pour chaque logement, un volume de consommation de référence (première tranche) est calculé, en fonction de différents paramètres définis par le gouvernement (nombre et âge des personnes habitant le logement, localisation, type de chauffage, zone climatique…) pour l'électricité et le gaz. En plus de ce prix, un *bonus* ou un *malus* est appliqué. Chaque kWh ou m^3 consommé au-delà du forfait de base est pénalisé par un *malus*, voire un *super malus* si la consommation se situe dans la troisième tranche. En théorie, le *malus* accroît le coût marginal de l'énergie et doit donc réduire la consommation des ménages. À l'inverse, chaque kWh ou m^3 consommé en moins par rapport au volume de base fait l'objet d'un *bonus*. Clairement, la logique inhérente consiste à créer des incitations positives (*bonus*) et négatives (*malus*) pour réduire la consommation d'énergie, *via* un prix unitaire variable selon la tranche de consommation.

Une mesure séduisante, mais inefficace

Une étude académique publiée en 2014 dans la prestigieuse *American Economic Review* a montré que le niveau de consommation d'électricité est déterminé par le tarif moyen la facture, et non pas en fonction du tarif marginal (Ito, 2014[2]). Les consommateurs, dont la demande à court terme est inélastique aux prix (ils n'ajustent pas leur consommation à la suite d'un changement de tarif), réagissent donc par rapport au tarif *moyen* sur la période de facturation et non pas par rapport au tarif *marginal*[3]. Tout principe de *malus* est donc voué à l'échec. En effet, les consommateurs reçoivent leur facture tous les six ou douze mois. L'énergie est facturée plusieurs mois après avoir été consommée. Les consommateurs ne connaissent ni leur volume de consommation ni les prix aux moments où ils consomment l'énergie. Ils sont incapables d'évaluer *ex ante* la tranche de consommation dans laquelle ils se situent. Par conséquent, il est illusoire d'attendre de leur part d'ajuster leur consommation en temps réel en l'absence de signal-prix. Ils constateront la hausse éventuelle du prix du kWh (*malus*) lors de la facturation.

---

2 Ito, K., (2014), « Do Consumers Respond to Marginal or Average Price ? Evidence from Nonlinear Electricity Pricing », *American Economic Review*, American Economic Association, vol. 104, 2, February, pp. 537-563.

3 Le tarif marginal correspond au prix de la dernière unité consommée d'électricité ou de gaz.

Un risque d'« effet rebond »

Dans la mesure où les consommateurs ne considèrent pas le tarif marginal de l'énergie, mais son prix moyen, ceux dont le *bonus* est supérieur au *malus* (annuellement) vont profiter d'une facture allégée. Cela peut entraîner une hausse de leur consommation l'année suivante, liée à ce que les économistes appellent l'« effet rebond »[4]. Dans ce scénario, les économies d'énergies seraient de faible ampleur. Sur un plan global, l'effet rebond peut toutefois être atténué si les *bonus* des tranches basses sont compensés par les *malus* des tranches hautes.

Des incitations financières insuffisantes

Les niveaux de *bonus* (3 % à 5 % de la consommation annuelle moyenne d'un ménage) et *malus* sont trop faibles pour inciter les consommateurs à hauts revenus à réduire leur consommation. Quant aux ménages les moins favorisés, ils habitent généralement dans les logements les moins bien isolés et donc les plus « énergivores ». Ils essaient déjà de consommer le moins possible, malgré une mauvaise isolation. Ils vivent dans une sobriété énergétique subie. Par ailleurs, les incitations financières proposées sont insuffisantes pour engager des travaux de rénovation (quand bien même ces ménages ne seraient pas locataires et pourraient rénover leur logement ou modifier leur système de chauffage). Enfin, les bailleurs ne paient généralement pas l'énergie et sont donc très peu incités à engager des travaux d'isolation.

---

4 L'effet rebond correspond à la différence entre l'impact attendu d'une mesure et son impact réel. Il correspond ici à l'annulation des économies d'énergies liées aux modifications de comportements consécutives à la baisse globale de la facture (ex. : des ampoules basse consommation que l'on éteint moins fréquemment).

Un dispositif socialement injuste

Les chômeurs et les retraités passent en général davantage de temps à leur domicile et auront, de fait, une consommation d'énergie plus élevée. Ils paieront l'électricité plus cher, alors que les ménages plus aisés, qui disposent éventuellement d'une résidence secondaire, bénéficieront d'effets d'aubaine grâce à la tarification progressive.

Les citoyens ruraux seront pénalisés par rapport aux citadins, du fait de la taille de leur logement.

Enfin, la précarité énergétique est liée aux difficultés de logement et constitue une prémisse du surendettement des ménages. Il est urgent d'inscrire la lutte contre la précarité énergétique comme une priorité nationale et européenne. Dans son architecture actuelle, la tarification progressive est donc inefficace et socialement injuste.

Un dispositif qui ne tient pas compte de l'hétérogénéité des logements

La consommation résidentielle d'énergie est très hétérogène. Elle dépend fortement du mode de chauffage et de la qualité d'isolation d'un logement. Tout dispositif réglementaire visant à réduire les inégalités doit tenir compte de l'hétérogénéité en matière d'isolation thermique.

Certains immeubles construits avant 1975 consomment cinq fois plus d'énergie que d'autres, construits dans les années 2000. Il faudrait engager un programme ambitieux de travaux d'isolation des logements les moins bien isolés (les « passoires thermiques »). Une fois ces travaux réalisés, on disposerait de certains prérequis techniques à la mise en place de la tarification progressive.

Une mesure complexe et coûteuse

Le succès de la mesure dépend beaucoup du volume retenu pour la consommation dite « de base » des différentes tranches de consommation et du prix par kWh à définir pour chaque tranche. Comment définir avec pertinence la consommation de base ? À partir de la moyenne ou de la médiane de la consommation des ménages, ou bien d'une autre méthode de calcul ?

Pour mettre en place une tarification progressive efficace, il faut comptabiliser le nombre de personnes habitant dans chaque logement. Puis, il est essentiel de distinguer la consommation de « confort » de la consommation de « luxe », afin de quantifier le gaspillage. Il est nécessaire également de définir des tranches de consommation journalières en fonction de la météo, à l'instar de la Californie où le volume de référence varie chaque jour. Sur un plan opérationnel, la mesure requiert un effort considérable de collecte et de traitement de données sur les paramètres déterminant le volume de consommation de référence de chaque logement. La tarification progressive doit tenir compte de la multiplicité des facteurs qui lui permettrait d'être efficace et juste. Elle devient alors très complexe à mettre en œuvre. *A contrario*, si elle cherche à maintenir une grille tarifaire simple, elle fait alors abstraction de la diversité des situations.

Enfin, il y a un problème de comptage des volumes d'énergies consommés. Dans les immeubles, les compteurs sont souvent collectifs, notamment pour le gaz. Il est alors difficile de mesurer la consommation de gaz par foyer.

De nombreux logements sont dotés d'un chauffage collectif, alimenté au gaz naturel ou au fioul. Faut-il contraindre ces immeubles à s'équiper d'un système de sous-compteurs permettant d'évaluer la consommation de chaque appartement ? Faut-il exclure ces logements du dispositif de la tarification progressive ? Faut-il calculer une tarification progressive appliquée à la globalité de la copropriété, sur la base de tranches de consommation dépendantes du nombre de logements ?

Enfin, le chauffage au fioul étant plus polluant que le chauffage électrique, faudra-t-il alors fixer des *malus* en fonction de la quantité de CO_2 émise ? Si elle devait tenir compte de la multiplicité des cas, la tarification progressive serait une « usine à gaz ».

Une tarification plus efficace : la tarification dite « dynamique »

Les marchés de gros d'électricité sont des marchés horaires, alors que les prix de détail sont généralement fixés à l'année. Les coûts de production de l'électricité ne sont pas fonction de la demande totale, mais de la demande instantanée et de la puissance appelée par le réseau. L'électricité est une commodité différenciée dans le temps et dans l'espace (le kWh à 16 h 00 n'est pas le même qu'à 9 h 00). Les coûts de production dépendent du niveau horaire de la demande et des capacités de production disponibles. La production fonctionne selon un « ordre de mérite »[5]. Plus la puissance appelée est élevée, plus le gestionnaire de réseau fera appel

5 Le principe appelé « *merit order* » (préséance économique) consiste à faire appel aux centrales de production électrique, au fur et à mesure, en fonction de leur coût marginal de production (du moins cher au plus cher). Dans un marché de gros concurrentiel, les producteurs d'électricité font des offres de vente à la hauteur du coût marginal de leur centrale de production. Les centrales sont alors appelées par l'opérateur du marché de gros (EPEX SPOT), par ordre croissant de coût marginal. Ce principe n'existe que dans le secteur électrique. Le coût marginal des centrales dépend principalement de l'énergie primaire qu'elles utilisent.

à des centrales à coût marginal élevé. La tarification doit tenir compte des spécificités techniques et économiques de la production d'électricité. C'est pour cela que les tarifs appelés « dynamiques » sont plus appropriés. La tarification dynamique (« *dynamic pricing* ») consiste à ajuster les prix en fonction des variations de la demande. La tarification devient réactive. La demande étant horaire sur les marchés d'électricité, l'optimum serait d'envoyer aux consommateurs des signaux-prix horaires. Les prix de vente au consommateur final refléteraient ainsi la variabilité horaire des coûts de production.

Le déploiement des compteurs dits « intelligents »[6] (à l'instar du compteur Linky pour l'électricité et Gazpar pour le gaz en France) ouvre la voie à la tarification dynamique. Les consommateurs pourront connaître en « temps quasi réel » leur niveau de consommation. Pendant des décennies, c'est l'offre qui s'est ajustée à la demande. Les consommateurs n'étaient pas sensibilisés à leur volume de consommation. L'objectif est désormais d'inciter à la modification des comportements de consommation par l'émission de signaux de prix infrajournaliers (à défaut de prix horaires, des prix différents par tranche horaire). Dans ce nouveau paradigme, la demande devient une ressource du système énergétique et les consommateurs, des « consomm'acteurs ». Certains consommateurs volontaires pourront accepter de réduire ou différer leur consommation lors des pics de demande (quelques jours par an, lors de pics de froid ou de chaleur), en contrepartie d'une compensation financière prévue dans leur contrat de fourniture. Il s'agit de contrats de fourniture dits « interruptibles », qui permettent de compenser l'impossibilité de stocker l'électricité à grande échelle. La tarification

6 Les « *smart meters* ».

dynamique est plus adaptée aux caractéristiques des marchés d'électricité.

Les pouvoirs publics ne doivent pas chercher à régler des problèmes distincts (objectif environnemental de baisse de la consommation énergétique et objectif social de réduction de la précarité énergétique) par le recours à un instrument unique (la tarification progressive). Il est impératif de dissocier les objectifs et d'atteindre chacun d'entre eux par le biais d'un dispositif cohérent, efficace et socialement juste. En apparence efficaces, certains dispositifs constituent de fausses bonnes idées lorsqu'ils ne tiennent pas compte des spécificités techniques et économiques du marché de l'électricité. Les enjeux environnementaux et sociaux sont trop importants pour s'engager vers des solutions dont le rapport coût-bénéfice est hasardeux.

IDÉE REÇUE Nº 7

« Grâce à la production des pétroles de schiste américains, le prix du pétrole va rester durablement inférieur à 50 $ »

La pensée dominante

La forte hausse de l'offre mondiale de pétrole liée à la production des pétroles de schiste aux États-Unis a fait chuter le prix du pétrole de plus de 50 % au deuxième semestre 2014. Le prix est passé de plus de 100 $ en juin 2014 à moins de 50 $ en janvier 2015. Ce choc d'offre, comparable au choc de demande provoqué par la hausse de la demande chinoise en 2004, a bouleversé la structure du marché pétrolier. Le marché est excédentaire, à l'instar de la période 1986-2000 où le prix du pétrole était resté relativement stable et bas pendant plus d'une dizaine d'années. La structure du marché étant similaire aujourd'hui, le prix du pétrole va rester inférieur à 50 $ au moins jusqu'en 2020.

Notre mise au point

La croissance impressionnante de la production américaine de pétrole de schiste, combinée à la forte contraction de la demande mondiale et au renchérissement du dollar, a entraîné une chute du prix du pétrole. Le marché est excédentaire comme dans la période 1986-2000. Néanmoins, le cycle de production du pétrole de schiste étant plus court que celui du pétrole conventionnel, l'offre de pétrole va plus rapidement s'affaisser. Le prix devrait remonter bien plus rapidement que prévu.

Les facteurs explicatifs de la baisse du prix du pétrole entre juin 2014 et janvier 2015

Le cours du baril a plongé de 110 $ en juin 2014 à moins de 50 $ en janvier 2015. Une chute sans précédent depuis celle de 2008 consécutive à la faillite de Lehman Brothers. Plusieurs facteurs expliquent cette chute. Le plus important est sans nul doute le développement de la production de pétrole de schiste aux États-Unis. Entre 2006 et 2014, la production journalière américaine a augmenté de 4 millions de barils par jour pour dépasser les 11 millions de barils en 2014. Dans le même temps, le ralentissement de la croissance économique mondiale a entraîné une contraction de la demande pétrolière. La Chine, moteur de la hausse des prix depuis 2004, a un taux de croissance de 7,4 % en 2014 contre un taux moyen supérieur à 10 % entre 2005 et 2009. Aucun moteur ne semble pouvoir compenser la baisse de croissance des pays émergents. De son côté, la croissance de la zone euro est quasi nulle. Enfin, un troisième facteur a également pesé sur les prix : le renchérissement du dollar. Le prix du pétrole est libellé en dollars, mais celui-ci est acheté (en dehors des États-Unis) dans une autre monnaie. Toute hausse du dollar américain renchérit le prix du pétrole dans une autre devise. Cela contribue un peu plus à réduire la demande. L'action simultanée de tous ces facteurs a fait basculer le prix de plus de 100 $ en juin 2014 à 75 $ en novembre 2014.

Le marché pétrolier, dominé par un cartel, n'est pas un marché concurrentiel. L'OPEP représente 30 % de la production mondiale et a la capacité d'agir sur les prix en ajustant ses quotas de production (voir l'idée reçue n° 11). Les analystes du marché pétrolier s'attendaient à un ajustement de l'offre de l'OPEP pour enrayer la chute du prix. Cela avait déjà été le cas en 2001 après la baisse de la demande consécutive aux attentats du 11 septembre. Situation similaire à la fin 2006, lorsque la consommation mondiale s'était temporairement stabilisée, ou encore au dernier trimestre 2008 en pleine crise financière. L'OPEP avait alors retiré plus de 3,5 millions de barils par jour pour enrayer la chute des prix. Cette fois-ci, l'OPEP n'est pas intervenue sur le marché et le prix a plongé pour passer la barre symbolique des 50 $ en janvier 2015.

Pourquoi l'OPEP mène-t-elle une guerre des prix ?

En décidant de ne pas intervenir sur le marché pétrolier, l'OPEP laisse les prix du pétrole poursuivre leur glissade. Cette situation peut sembler paradoxale. En effet, les revenus pétroliers des pays de l'OPEP représentent plus de 90 % de leurs exportations et entre 80 et 90 % de leur budget. Bien que les pétroles de l'OPEP nécessitent un prix du baril beaucoup plus faible que le prix actuel du marché pour atteindre leur seuil de rentabilité, les équilibres budgétaires des différents pays s'appuient sur un prix du pétrole beaucoup plus élevé. Au sein même de l'OPEP, on note de grandes différences entre les coûts d'extraction et les prix nécessaires pour équilibrer les budgets de chacun des pays. L'Arabie Saoudite peut se contenter d'un prix de 80 $ quand le Venezuela a besoin d'un prix supérieur à 130 $. C'est ce qui explique souvent les divergences sur le niveau du « juste prix » entre pays à l'intérieur même de l'OPEP.

Dans ces conditions, pourquoi l'OPEP a-t-elle laissé glisser les prix jusqu'à 50 $? De nombreux analystes ont cru qu'il s'agissait d'un axe Washington-Riyad pour affaiblir les économies russe et iranienne très dépendantes de l'or noir. L'explication semble plus économique que géopolitique.

À partir de juin 2014, la structure du marché pétrolier est passée d'un marché tiré par la demande à un marché excédentaire. Cette situation ressemble très fortement à la structure du marché de 1981-1986. À cette époque, le marché était excédentaire grâce au développement de la production pétrolière hors OPEP associée à une diminution de la demande. La diminution était liée aux politiques d'économies d'énergies et au développement du nucléaire et/ou du charbon en réponse aux chocs pétroliers des années 1970. Pour contrer la chute des prix du pétrole, l'OPEP décide d'instaurer des quotas de production en 1983 et de réduire son offre. La part de marché de l'OPEP a alors diminué fortement, passant de 39 % en 1980 à 30 % en 1985, alors même que la plupart des membres de l'OPEP ne jouaient pas le jeu. L'Arabie Saoudite endossait la quasi-intégralité de la baisse de production. La stratégie des quotas n'a pas permis de faire remonter les prix du pétrole. À partir de 1985, l'Arabie Saoudite décide de se lancer dans une guerre des prix en inondant le marché. L'objectif était de faire baisser le prix du pétrole pour rendre moins rentable la production de pétrole non OPEP, dont les coûts d'extraction sont plus élevés. Le marché s'est stabilisé en 1986. Les prix resteront, en dehors de fortes tensions géopolitiques, relativement stables et faibles jusqu'aux années 2000. En définitive, pendant la période 1981-1986, les différentes stratégies de l'OPEP (quotas en 1983 et guerre des prix en 1985) n'ont pas permis de faire remonter le cours du baril, resté faible pendant plus d'une quinzaine d'années.

Dans la situation actuelle, l'Arabie Saoudite a compris qu'avec une part de marché de l'OPEP à 30 %, le levier des quotas est inefficace. Si elle avait ajusté ses quotas pour maintenir un prix plus élevé, elle garantissait une rentabilité au pétrole de schiste américain qui a besoin d'un prix du pétrole supérieur à 70 $ pour couvrir son coût d'extraction. Au bout du compte, la réduction de la part de production de l'OPEP aurait été compensée par la hausse de la production américaine. L'OPEP aurait perdu des parts de marché au profit des États-Unis. Par une guerre des prix, l'organisation vise clairement à sauver ses parts de marché en contraignant les États-Unis à réduire leur production de pétrole de schiste. Avec un prix inférieur à 60 $, l'investissement dans ces pétroles n'est plus rentable, même si les gisements mis en production vont continuer à produire (comme cela a été le cas à partir de 1986). La question est de savoir si l'histoire va se répéter comme dans la période 1986-2000, c'est-à-dire un prix du pétrole stable en dessous de 50 $ pendant une dizaine d'années.

Pétrole conventionnel, pétrole de schiste : des cycles et des coûts de production très différents

Dans la période 1986-2000, le prix du pétrole est resté relativement bas. Un certain nombre de gisements avaient été mis en production à la suite des chocs pétroliers. Le prix du pétrole plus élevé avait permis à ces gisements d'être rentables. La situation actuelle est assez similaire : le prix élevé du pétrole de 2005 à 2014 a permis le développement des pétroles de schiste aux États-Unis.

La différence entre la période 1986-2000 et la période actuelle est qu'à l'époque, la durée de vie des gisements mis en production était de 20 à 30 ans avec une production constante. Le cycle de production du pétrole de schiste n'est que de 5 ans avec une production décroissante dès la deuxième année. Or, la guerre des prix amorcée par l'Arabie Saoudite à partir de 1985 n'avait pas permis de faire remonter les prix, car la production de pétrole conventionnelle était restée constante pendant plus de 15 ans[1].

Ce ne sera pas le cas avec les pétroles de schiste. Pour maintenir un niveau constant minimum de production, il faut continuer à forer à un rythme voisin de celui de l'année précédente. Sinon, la production s'effondre dès l'année suivante. Or, à un prix autour de 50 $, la production de pétrole de schiste n'est plus rentable. Le seuil de rentabilité des puits de pétrole de schiste est plutôt de 60 $ contre 10 $ pour le baril de pétrole saoudien[2]. Les entreprises n'auront plus d'incitations à investir. La production de pétrole de

1 S'il n'y avait pas eu d'accroissement de la demande des pays émergents à partir de 2004, l'offre serait probablement restée excédentaire plus longtemps.

2 Le seuil de rentabilité des projets canadiens les plus chers peut aller jusqu'à 90 $.

schiste mise en route avant la chute du baril risque donc de décroître rapidement, contrairement à la période 1986-2000. Cela va provoquer une contraction de l'offre (projets différés ou annulés) et des tensions sur les prix.

L'effet rebond sur les prix sera d'autant plus fort que la contraction sur les investissements sera importante. Or, plus la période de prix bas sera longue, plus les investissements dans les pétroles non conventionnels seront affectés. *In fine*, l'impact sur l'industrie des pétroles de schiste américain sera d'autant plus fort que l'OPEP parviendra à « se serrer la ceinture ».

Cependant, la marge de manœuvre de l'OPEP dans cette guerre des prix reste relativement faible. L'Arabie Saoudite peut supporter un prix à 50 $ pendant de nombreux mois grâce à son fonds souverain[3]-SAMA Foreign Holdings – détenant plus de 739 milliards de dollars. Ce n'est pas le cas de l'ensemble des pays de l'OPEP. Ainsi, il y a débat au sein même de l'OPEP sur la stratégie-prix. Un ensemble de pays est plutôt favorable à un « prix plancher » de 100 $. C'est le cas de l'Iran, du Venezuela et du Nigeria. La marge de manœuvre de l'Arabie Saoudite est donc étroite. En effet, un prix du pétrole durablement bas aurait des conséquences négatives tant au niveau interne qu'avec ses partenaires. À plus long terme, la diminution des recettes pétrolières de l'OPEP pourrait menacer les investissements nécessaires au remplacement des gisements. Pari à long terme donc risqué pour Riyad.

3 Les immenses réserves de change jouent le rôle d'amortisseur pour boucler le budget malgré un pétrole bon marché.

IDÉE REÇUE Nº 8

« Les pays pétroliers pauvres doivent suivre l'exemple de la Norvège en créant un fonds pour les générations futures »

La pensée dominante

Par son caractère non renouvelable, le pétrole extrait aujourd'hui ne sera plus disponible pour les générations futures. Pour garantir un partage équitable des réserves dans le temps, une gestion efficace de la rente pétrolière implique le placement d'une partie des recettes dans un fonds destiné aux générations futures. Cela permettra, lorsque la production commencera à décliner du fait de l'épuisement des réserves, de compenser cette baisse de revenu par la mobilisation de l'épargne du fonds. La Norvège a fait ce choix. Elle est citée comme un modèle à suivre pour la bonne gestion de sa rente pétrolière. L'ensemble des pays producteurs d'or noir devrait s'inspirer du modèle norvégien en créant un fonds pour les générations futures.

Notre mise au point

La création d'un fonds en faveur des générations futures peut se justifier économiquement pour un pays développé. La donne est différente pour un pays en voie de développement. Les débats sur la nécessité de mettre en place un fonds pour les générations futures masquent d'autres problèmes plus urgents dans la gestion de la rente pétrolière. Enfin, les fonds peuvent avoir des effets néfastes dans le cas des pays en développement.

Le *benchmark* norvégien

Le fonds souverain de Norvège (*Government pension fund*) a été créé en 1990 pour accueillir l'excédent des recettes pétrolières. Ce fonds, principalement destiné aux générations futures, est le plus riche au monde. Il est doté de 954 milliards de dollars, contre 514 milliards pour celui de l'Arabie Saoudite et 320 milliards pour celui du Qatar[4].

Le fonds est géré par la NBIM (*Norges Bank Investment Management*), au nom du ministère des Finances. Chaque année, l'ensemble des revenus pétroliers (revenus des gisements, impôts payés par les compagnies pétrolières et dividendes de Statoil[5]) y est déposé. Le ministère des Finances arbitre les choix d'investissement. Ces investissements se font à l'international, dans plus de 8 200 entreprises. Les règles stipulent que le fonds ne peut détenir plus de 10 % du capital d'une entreprise, mais dans les faits, le niveau ne dépasse jamais 5 %[6].

4 *Sovereign Wealth Fund Rankings* (2017).

5 Compagnie pétrolière norvégienne détenue majoritairement par l'État.

6 Interview de Slyngstad, Y. par Farine, M., (2014), « Un fonds destiné aux générations futures », *Le Temps*, 3 décembre.

Depuis 2004, le fonds sélectionne ces investissements en fonction de critères éthiques. Ainsi, Walmart-pour entraves à l'action syndicale – ou Total-pour sa présence en Birmanie – en sont exclus[7]. À partir de 2012, les investissements vont davantage s'orienter vers les pays émergents, au détriment de l'Europe. En 2012, 48 % du fonds étaient investis en Europe, contre 53 % en 2011[8]. Chaque année, environ 4 % du fonds sont prélevés pour financer des services publics en Norvège.

Les institutions financières internationales telles que le FMI ou la Banque mondiale présentent la Norvège comme un modèle de gestion de la rente pétrolière. Cette fascination de la part des économistes des institutions de Bretton Woods conduit à un travers bien connu : la volonté de s'inspirer du modèle norvégien pour le généraliser, quel que soit le niveau de développement du pays. C'est ce que montre le cas du Tchad, pays où 80 % de la population vit avec moins d'un dollar par jour. Pourtant, la Banque mondiale y a conditionné son prêt à la création d'un fonds pour les générations futures.

Le Tchad, un mauvais élève

Le Tchad est un pays exportateur de pétrole depuis 2003. Des explorations pétrolières avaient commencé au début des années 1960, mais l'emplacement du pays rendait le transport de l'or noir coûteux et donc moins rentable. À partir de 2000, des travaux de construction d'oléoducs entre le Tchad et le Cameroun sont entrepris.

---

7 Truc, O., (2007), « Le fonds norvégien du pétrole pour les générations futures change de patron », *Le Monde*, 1er octobre.

8 *Norvège, le site officiel pour la France* : « Le fonds souverain norvégien obtient un rendement de 13 % en 2012 » (2013).

La Banque mondiale a accordé un prêt au Tchad d'un montant de 293 millions de dollars pour la construction de l'oléoduc Tchad-Cameroun et les infrastructures des gisements de Doba. Ce prêt n'est pas énorme au regard du coût total du projet, qui est de 3,7 milliards de dollars. Comme l'explique L. Simonet, la Banque mondiale jouait surtout le rôle de « caution morale » auprès de l'opérateur du projet en conseillant le gouvernement du Tchad dans la gestion et l'emploi des recettes pétrolières. Elle créait un contexte politique plus propice à l'investissement privé[9].

Le rôle de catalyseur et le financement de la Banque mondiale ont été conditionnés à l'application d'une répartition de la rente pétrolière sans précédent en Afrique (voire dans le monde) : 90 % des ressources seront versées sur des comptes du Trésor et 10 %, déposées sur un compte d'épargne bloqué à la Citibank de Londres, au profit des générations futures. Les 90 % seront répartis de la manière suivante : 72 % pour les secteurs prioritaires (santé, éducation, développement rural et construction des infrastructures de base), 13,5 % pour les dépenses de fonctionnement et d'investissement courantes de l'État et 4,5 % pour les collectivités des régions productrices. La Banque mondiale a également mis en place un collège de surveillance et de contrôle des ressources pétrolières. Ce collège veille à la bonne utilisation des recettes pétrolières.

Fin décembre 2005, à l'initiative du gouvernement tchadien, les députés modifient la loi sur le pétrole en supprimant le fonds pour les générations futures. Ils intègrent

9 Simonet, L., (2006), « Retour sur la rupture entre le Tchad et la Banque mondiale : ne nous trompons pas de responsable », *Études internationales*, vol. 37, n° 4, pp. 597-615.

les dépenses de sécurité et l'administration aux domaines prioritaires susceptibles d'être financés par les revenus pétroliers. La Banque mondiale décide alors de stopper le versement de ses prêts (avec environ 124 millions de dollars restant à verser). En 2006, la Banque mondiale et le Tchad se réconcilient avec un nouvel accord prévoyant que 70 % des revenus pétroliers soient affectés à la lutte contre la pauvreté, sans rétablissement du fonds pour les générations futures[10].

L'échec de cette initiative pourrait être imputé à la mauvaise gouvernance du Tchad. C'est partiellement le cas. Cependant, l'échec est aussi imputable au diagnostic erroné de la Banque mondiale sur le cas tchadien. Il est essentiel que les recettes de l'or noir aillent directement dans le financement de la lutte contre la pauvreté. Cependant, l'idée d'un fonds pour les générations futures dans un pays où 80 % de la population vit avec moins d'un dollar par jour et 76 % n'a pas accès à l'eau potable est discutable. Des évaluations montrent qu'il suffirait de 100 $ par personne et par an pendant 10 ans en investissements sociaux dans un pays pour sortir les populations de la pauvreté[11]. À l'évidence, pour les habitants du Tchad, chaque dollar compte.

---

10 Carbonnier, G., (2007), « Comment conjurer la malédiction des ressources naturelles ? », *Annuaire suisse de politique de développement*, vol. 26, n° 2, pp. 83-98.

11 L'économiste J. Sachs (2005) a évalué les besoins moyens de financement annuel d'investissements sociaux effectués par un pays « en bonne gouvernance », entre 2005 et 2015, pour sortir les populations des pays en développement de la pauvreté, à 100 $ par personne et par an. Les besoins en investissements sociaux sont répartis ainsi : 45 $ pour les infrastructures de base (routes, investissements dans la régénération des sols, disponibilité de l'eau pour l'arrosage, eau potable et installations sanitaires, combustibles modernes pour la cuisine), 30 $ pour les dépenses de santé fondamentale (lutte contre la tuberculose et les maladies infantiles, pour les accouchements sans risques, l'alimentation et le planning familial), 15 $ pour l'amélioration de l'éducation (cours primaire et secondaire). D'autres priorités occasionneraient une dépense supplémentaire d'environ 10 $, portant le total des investissements nécessaires à 100 $ par personne et par an. *The End of Poverty : Economic Possibilities for Our Time*, Penguin Press.

La question unique de la bonne gestion de la rente pétrolière évince les autres questions

Un certain nombre de questions n'ont pas été soulevées dans l'initiative de la Banque mondiale. Elles étaient pourtant bien plus importantes que la création d'un fonds pour les générations futures, et une condition nécessaire à une utilisation plus pertinente des recettes pétrolières pour lutter contre la pauvreté.

La première question concerne le partage de la rente entre le Tchad et les compagnies pétrolières : est-il équitable pour le pays producteur ? À la différence de la Norvège, qui possède une puissante compagnie pétrolière majoritairement publique, le Tchad fait appel à des compagnies étrangères (Exxon-Mobil, Petronas, Chevron) pour exploiter son or noir. Cela signifie que, sur les 110 000 barils produits par jour au Tchad, seulement une partie revient au budget tchadien, rendant la part du pétrole dans le revenu par habitant encore plus faible. Dans son initiative avec le Tchad, la Banque mondiale a voulu accroître la transparence sur la gestion des recettes pétrolières sans se soucier de l'étape précédente : la transparence sur la valeur des gisements et les modalités du partage de la production qui en découlent (voir l'idée reçue n° 15).

La deuxième question concerne l'utilisation de la rente pétrolière pour lutter contre la pauvreté. Y a-t-il eu une identification réelle des sources de la pauvreté et des financements nécessaires pour l'éradiquer ? Sans ce travail, une bonne gestion de la rente pétrolière ne sera pas suffisante pour lutter contre la pauvreté. Or, depuis 2000, selon l'initiative conjointe de la Banque mondiale et du FMI, les pays désirant bénéficier d'un allègement de leur dette ou d'une aide financière doivent rédiger un Document stratégique de réduction de la pauvreté (DSRP).

Ce dernier doit être validé par la Banque mondiale et le FMI. La confrontation entre les objectifs affichés par les DSRP et leur élaboration concrète sur le terrain met en évidence les faiblesses du processus. Une analyse du DSRP du Congo révèle les faiblesses du contenu et du processus d'élaboration. Pourtant, ces faiblesses n'ont pas empêché le Congo d'obtenir la validation par le FMI et la Banque mondiale de son DSRP[12]. Le Tchad a également participé à ce type d'initiative.

La même méthode ne conduit pas nécessairement aux mêmes résultats

L'application du « *benchmark* norvégien » de la gestion de la rente pétrolière à d'autres pays, sans qu'il soit tenu compte du niveau de développement et du ratio production pétrolière / population, ne peut amener qu'à des échecs semblables à celui du Tchad. La Norvège est un pays riche avec une population de 5 millions d'habitants, une production de 1,5 million de barils par jour et un PIB par habitant supérieur à celui des États-Unis. La population du Tchad est 2,5 fois plus élevée (12,8 millions d'habitants) que celle de la Norvège. La production pétrolière y est treize fois plus faible (environ 110 000 barils par jour) et le PIB par habitant, parmi les plus bas au monde.

Dans le cas norvégien, on peut aisément comprendre l'utilité d'un fonds pour les générations futures. D'un point de

12 Porcher, T., (2006), *Recettes pétrolières et financement de la lutte contre la pauvreté : le cas de la République du Congo*, thèse de doctorat, Paris 1.

vue économique, il permet au pays d'éviter la surchauffe en agissant comme un stabilisateur macroéconomique. Il évite une trop forte appréciation de la monnaie, qui pourrait porter préjudice à d'autres secteurs exportateurs (comme dans le fameux syndrome hollandais, voir idée reçue nº 15) ou entraîner une trop forte inflation. D'un point de vue éthique, les Norvégiens n'ayant pas un besoin vital d'un revenu supplémentaire, le choix d'exploiter une ressource qui s'épuise et de conserver une partie des revenus pour les générations futures est parfaitement fondé.

Dans le cas du Tchad ou d'autres pays en développement, l'utilité d'un fonds pour les générations futures est loin d'être aussi évidente. D'un point de vue éthique, l'intérêt pour les générations futures d'avoir un compte à l'étranger, si elles n'ont pas d'infrastructures de base pour étudier ou se soigner, n'est pas avéré. D'un point de vue économique, le fait d'accumuler une épargne dans une autre monnaie peut entraîner des pertes. Lorsque les pays se développent, ils connaissent généralement une appréciation de leur monnaie, ce qui rendrait leur épargne beaucoup plus faible (une fois libellée dans leur monnaie)[13].

D'ailleurs, beaucoup de pays riches et producteurs de pétrole n'ont toujours pas créé de fonds pour les générations futures. C'est le cas des États-Unis, malgré un essor impressionnant de la production de pétrole de schiste ces dernières années et une durée de vie plus courte de ces gisements (par rapport aux gisements traditionnels).

13 Ce qui n'est pas le cas du Tchad, du fait de la parité fixe euro/franc CFA.

IDÉE REÇUE Nº 9

« Les risques sur les marchés d'électricité peuvent être gérés grâce aux produits financiers »

La pensée dominante

L'électricité est une commodité comme les autres. Le risque-volume et le risque-prix auxquels sont exposés tous les fournisseurs de commodités (gaz, pétrole, aluminium, or, coton, blé, sucre…) sont couverts grâce à des contrats financiers appelés « produits dérivés »[1].

Grâce à ces produits financiers, les fournisseurs de matières premières maîtrisent efficacement leur exposition aux variations de prix et de niveaux de la demande[2]. Ce postulat de couverture efficace des risques fut déterminant pour justifier la libéralisation des marchés de détail de l'énergie par des économistes influents (Chao et Huntington, 1998[3] ; Hunt, 2002[4]). L'objectif était l'entrée massive de nouveaux fournisseurs ayant recours aux marchés financiers pour maîtriser leurs marges. La couverture des risques est une condition majeure de l'impulsion de la concurrence.

---

1 Les produits dérivés sont des instruments financiers destinés à la couverture de risques. Leur valeur varie en fonction du prix/niveau d'un actif appelé le « sous-jacent ». Ce dernier peut être une matière première (agricole, énergie, métaux), une action ou une devise. Les principaux produits dérivés sont les contrats à terme (appelés *forwards* et *futures*) et les contrats dits « d'options ».

2 Pour aller plus loin sur les stratégies de couverture des firmes, voir la publication scientifique : Boroumand, R., Goutte, S. et Ronn, E., (2019), « Characterizing the hedging policies of commodity price-sensitive corporations », *The Journal of Futures Markets*, pp. 1-18.

3 Chao, H. et Huntington, H. (dir.), (1998), *Designing Competitive Electricity Markets*, Kluwer.

4 Hunt, S., (2002), *Making Competition Work in Electricity*, Wiley.

Notre mise au point

Le postulat d'une entrée massive de fournisseurs ayant recours aux produits dérivés pour gérer les risques de marché s'applique-t-il aux marchés de l'électricité ? L'électricité fait-elle exception à la financiarisation[5] accrue des marchés de matières premières ? Si oui, pourquoi ? Nous montrons que les spécificités physiques et économiques de la « commodité » électricité (variabilité horaire de la demande, non-stockabilité, forte volatilité des prix *spot*) réduisent l'efficacité du recours aux marchés financiers pour la couverture des risques.

Le risque-volume sur les marchés de commodités

Les fournisseurs de matières premières ont une activité de « grossistes ». En tant qu'intermédiaires entre producteurs et consommateurs, ils achètent une marchandise pour la revendre en cherchant à maximiser leur marge d'intermédiation. Sur tous les marchés de matières premières, les fournisseurs sont exposés à un risque-volume et à un risque-prix.

Le risque-volume d'un fournisseur est le risque d'écart entre les volumes de son portefeuille d'approvisionnement (portefeuille amont) et les volumes consommés par ses clients (portefeuille aval).

Il existe deux variantes du risque-volume. La première situation est celle où les volumes consommés par les clients finals sont inférieurs aux prévisions de ventes du fournisseur, le bien est alors stocké. À l'inverse, si les ventes dépassent

5 La financiarisation consiste à recourir aux produits dérivés pour gérer les risques liés aux variations de prix ou de demande ou pour diversifier un portefeuille d'actifs. Les marchés à terme sont la référence principale pour établir le prix des matières premières. En effet, les volumes financiers échangés sur ces marchés sont largement supérieurs aux volumes physiques de production.

les approvisionnements, le fournisseur intermédiaire pourra puiser dans ses stocks. Le stockage joue comme une corde de rappel. Il permet de réaliser ce que les économistes appellent des « arbitrages intertemporels » en fonction des niveaux de demandes et de prix d'une matière première. Le recours au stockage va donc considérablement atténuer le risque-volume[6].

Le risque-prix[7], la résultante du risque-volume

Le risque-prix est généré par les écarts entre le prix de vente et le prix des achats à très court terme visant à corriger les déséquilibres entre le portefeuille d'approvisionnement d'un fournisseur et celui de ses ventes. En cas de sous-estimation de sa demande, un fournisseur devra se réapprovisionner sur le marché de gros à un coût potentiellement supérieur à son prix de vente aux clients finals. Il subira alors un risque-prix s'il est en rupture de stock.

Qu'en est-il pour l'électricité, seule commodité économiquement non stockable à grande échelle (à l'exception du stockage hydraulique par des STEP[8]) ?

Nous allons examiner les dimensions spécifiques de la gestion de risques sur les marchés de l'électricité pour comprendre les défaillances d'une couverture par des produits dérivés (les contrats *futures/forwards* et les options[9]).

---

6 Naturellement, la durée du stockage est plus courte pour les matières premières périssables.

7 Le risque-prix affecte aussi bien les transactions physiques que financières, car il existe indépendamment de l'échange physique d'une commodité entre un producteur et un consommateur final.

8 Stations de transfert d'énergie par pompage.

9 Les *futures* et les *forwards* offrent la possibilité à un acheteur (ou vendeur) d'acheter (ou de vendre) à une date fixe un actif à prix et quantité fixés. L'acheteur et le vendeur sont tous deux engagés à une quantité et un prix. Le contrat est donc symétrique. *A contrario*, le détenteur d'une option d'achat ou de vente a le droit, mais non l'obligation, d'exercer son option. Le contrat d'option est donc asymétrique.

Un risque-volume et un risque-prix spécifiques à la fonction d'équilibrage[10]

L'électricité est un « bien » dont la demande n'est pas exprimée à l'avance. Chaque consommateur décide sans préavis d'appuyer sur l'interrupteur, et la « fourniture » est instantanée. Dans les contrats de fourniture/vente d'électricité, les clients disposent d'un choix discrétionnaire sur leur décision de consommation. Le niveau de consommation est donc imparfaitement prévisible. Les contrats de fourniture standards garantissent aux consommateurs la fourniture à prix fixe, quel que soit le niveau des prix de gros. Or le marché de gros est organisé en marchés horaires. Chaque prix *spot* horaire se forme indépendamment des autres plages horaires. Le prix *spot* de l'électricité à 16 h 00 n'est pas corrélé à celui de 22 h 00, ou à celui du lendemain à 16 h 00. La consommation au moment de la « livraison physique » est donc incertaine, alors que la stratégie d'approvisionnement d'un fournisseur s'appuie sur ses prévisions de consommation.

À court terme (de quelques jours à quelques heures), le risque-volume est donc considérablement plus marqué pour l'électricité que pour toute autre commodité, dans la mesure où il existe un aléa lié au niveau de consommation du portefeuille clients, qui dépend aussi des conditions météorologiques. En France, une baisse de température de seulement 1 °C par rapport à la moyenne saisonnière entraîne une forte hausse de la consommation.

Enfin, dans les contrats standards de fourniture d'électricité, le fournisseur vend conjointement à un prix moyen

10 Boroumand, R.H., (2009), « Les fournisseurs non intégrés d'électricité : l'échec d'un modèle organisationnel », *Revue de l'Énergie*, n° 590.

deux produits « distincts » (électricité de pointe et de base), dont l'écart de prix de gros est substantiel[11], bien qu'une transaction électrique soit physiquement réalisée simultanément sur les marchés de gros et de détail. La simultanéité physique des transactions de gros et de détail est expliquée par la vitesse des électrons et l'incapacité de stocker l'électricité à grande échelle.

Sur un marché « classique » de commodités, les opérateurs peuvent répondre à toute hausse de la demande en jouant sur les stocks. Sur un marché électrique, l'offre doit s'ajuster en temps réel aux fluctuations horaires de la demande. Les fournisseurs sont donc contraints de minimiser (tant bien que mal) les déséquilibres entre leurs portefeuilles amont (approvisionnement) et aval (vente). Tout fournisseur doit résoudre en permanence l'équation suivante : optimiser ses coûts d'approvisionnement (qui jouent un rôle critique dans son équilibre financier) en minimisant ses risques. Les fournisseurs ont un rôle de « responsable d'équilibre » sur leur segment de marché, ils sont exposés à des pénalités si leur volume d'approvisionnement est insuffisant.

En cas de sous-estimation de sa demande, un fournisseur devra acheter de l'électricité sur le marché de gros à un coût potentiellement bien supérieur à son prix de vente fixe au client final. Inversement, en cas de consommation inférieure au volume d'approvisionnement, il devra revendre les kWh en surplus à un prix potentiellement inférieur à leur coût d'approvisionnement. Dans les deux cas, le risque-prix est amplifié par la corrélation positive entre la demande et le prix horaire sur le marché de gros (le prix de gros augmente/baisse

11 Entre les périodes de pointe (début et fin de journée) et de base (milieu d'après-midi) d'une même journée, les prix peuvent varier d'un facteur un à dix. Il n'existe aucun autre marché au monde où deux produits avec de telles amplitudes de prix (l'électricité de pointe et de base) soient vendus conjointement à un prix moyen, en l'occurrence, par kWh.

en fonction de la hausse/diminution de la demande). Le fournisseur sera dès lors contraint d'ajuster systématiquement ses positions (à la hausse ou à la baisse) lors des périodes les moins favorables.

Un aspect particulier (et aggravant) du risque-prix est celui lié aux achats dits de « dentelle »[12]. Les contraintes physiques de l'électricité ne permettent pas d'acheter à l'avance des blocs horaires inférieurs à 1 MW pour couvrir la totalité des besoins d'approvisionnement. Du fait de sa non-stockabilité, une fraction de la demande devra donc faire l'objet d'achat en temps réel sur le marché *spot*.

L'électricité, la commodité dont le prix est le plus volatil au monde

L'ampleur des pics de prix sur les marchés de l'électricité est la conséquence économique de la double rigidité de l'offre (absence de stocks) et de la demande à court terme. Par comparaison, pour une commodité « classique », un aléa lié à l'offre se traduit par un prix de marché plus élevé, mais sans volatilité aussi marquée que pour l'électricité[13], comme l'ont démontré Boroumand *et al.* dans un article scientifique publié dans *Applied Economics* en 2017. Sur les autres marchés, la hausse de prix qui suit la contraction de l'offre s'accompagne généralement d'une réduction de la demande. L'inélasticité-prix de la demande d'électricité à court terme ne se traduit

12 La « dentelle » est le nom donné à la partie résiduelle de la consommation qui, pour des raisons physiques, ne peut pas être couverte par empilement de blocs de 1 MW achetés à l'avance.

13 À titre de comparaison, sur la volatilité d'un éventail de matières premières agricoles, voir les deux articles scientifiques : Boroumand, R.H., Goutte, S., Porcher, S. et Porcher, T., (2017), « Jumps and volatility dynamics in agricultural commodity spot prices », *Applied Economics*, vol. 49, n° 40, pp. 4035-4054 ; Boroumand, R.H., Goutte, S., Porcher, S. et Porcher, T., (2014), « Correlation evidence in the dynamics of agricultural commodity prices », *Applied Economics Letters*, vol. 21,,n° 17, pp. 1238-1242.

pas par une réduction de la demande *via* une hausse des prix de détail. Cette inélasticité est directement liée au fait que les variations horaires des prix de gros ne sont généralement pas transmises aux consommateurs en temps réel.

De fortes fluctuations des prix *spot* peuvent résulter d'une hausse minime des transactions[14]. La multiplicité et la faible prévisibilité des aléas affectant les prix *spot* rendent difficile leur anticipation. Le marché électrique est le seul marché de commodité pouvant simultanément combiner une demande de pointe et des ruptures de production de centrales, et dont les lignes de transport peuvent subir des congestions.

La couverture du risque-prix prend de ce fait un caractère très particulier. Alors qu'une couverture efficace nécessite de pouvoir évaluer le risque-prix, les modèles économiques existants de prévision des prix *spot* ne « capturent » pas la volatilité horaire de ces prix. Ces modèles ne constituent pas des outils décisionnels pertinents pour une couverture efficace du risque-prix.

L'extrême volatilité des prix *spot* de l'électricité trouve une explication dans la théorie financière du stockage (Kaldor, 1940[15]), qui énonce que la volatilité du prix d'une commodité est inversement proportionnelle à son niveau de stockage. Cela implique qu'à l'extrême, une commodité non stockable est caractérisée par une très forte volatilité. L'électricité est ainsi la commodité dont le prix *spot* est le plus volatil au monde.

Dès lors, quelles incitations à s'engager contractuellement à acheter de l'électricité à prix fixe *via* un contrat à terme (*forward* ou *future*) ?

---

14 Un ordre d'achat d'une cinquantaine de MWh a entraîné au 1er trimestre 2006 une hausse de 145 euros des prix *spot* (Commission de régulation de l'énergie, 2006).

15 Kaldor, N., (1940), « A note on the theory of the forward market », *The Review of Economic Studies*, vol. 7, n° 3, pp. 196-201.

La faible efficacité d'une couverture financière

Si, pour un producteur d'électricité, un contrat à prix fixe garantit un revenu régulier et constitue une assurance contre la volatilité des prix *spot* (notamment à la baisse), le bénéfice *ex post* pour un fournisseur est conditionné par la durée et l'ampleur des périodes durant lesquelles le prix *spot* de l'électricité sera supérieur au prix fixe du contrat d'approvisionnement. Il existe donc un coût d'opportunité au recours à un contrat d'approvisionnement à prix fixe, dans la mesure où les modèles standards de prévision des prix sur les marchés électriques libéralisés ne sont pas capables de capturer la volatilité réelle (Geman, 2008[16]). Le fournisseur risque de perdre des parts de marché s'il paie trop cher son électricité par rapport au prix *spot* moyen sur la période d'approvisionnement. Il est exposé à un « effet ciseaux » sur les prix. Comme le démontrent Boroumand *et al.* (2015) dans un article scientifique publié dans la revue académique *Energy Economics*, seule une couverture financière horaire est efficace[17].

La faible liquidité des marchés de gros d'électricité entrave la capacité des fournisseurs à ajuster leur position en fonction des aléas de la demande. Une gestion financière inefficace des risques remet en cause un pilier théorique fondamental de la libéralisation des marchés de détail d'électricité. Les contrats financiers n'offrent pas une couverture efficace des risque-volume et risque-prix. Ce résultat est démontré numériquement dans une publication scientifique qui modélise différents portefeuilles d'actifs (financiers et physiques) de

16 Geman, H., (2008), *Risk Management in Commodity Markets: from Shipping to Agriculturals and Energy*, Wiley Finance.

17 Boroumand, R.H., Goutte, S., Porcher, S. et Porcher, T., (2015), « Hedging strategies in energy markets: the case of electricity retailers », *Energy Economics*, vol. 51, pp. 503-509.

couverture des risques (Boroumand et Zachmann, 2012[18]). L'article scientifique publié dans la revue académique *Energy Policy* montre également la contribution potentielle des contrats d'options. Leur efficacité est confirmée par les résultats scientifiques sur différents marchés (Boroumand et Goutte, 2017[19] et Boroumand *et al.*, 2018). Cependant, les modèles de valorisation des options sur les marchés de matières premières sont moins transposables aux options sur les marchés d'électricité. Difficilement valorisables, les options électriques sont moins utilisées et donc peu liquides.

En l'absence d'instruments efficaces de couverture des risques, l'incitation à entrer sur le marché est faible, dans la mesure où la survie financière des fournisseurs est menacée. En Grande-Bretagne, de nombreux fournisseurs ont fait faillite ou sont sortis du marché entre 2000 et 2007 (Boroumand, 2015[20]). Sans nouveaux entrants solides, les anciens monopoles ne sont pas exposés à une menace concurrentielle crédible. Le processus concurrentiel n'est alors pas en mesure de se développer (voir l'idée reçue n° 1).

18 Boroumand, R.H. et Zachmann, G., (2012), « Retailers' risk management and vertical arrangements in energy markets », *Energy Policy*, vol. 40, pp. 465-472.

19 Boroumand, R.H. et Goutte, S., (2017), « Intraday hedging with financial options: the case of electricity », *Applied Economic Letters*, vol. 24, n° 20, pp. 1448-1454.

20 Boroumand, R.H., (2015), « Electricity markets and oligopolistic behaviors: The impact of a multi-market structure », *Research in International Business and Finance*, vol. 33, pp. 319-333 (Elsevier).

IDÉE REÇUE Nº 10

« Il faut fermer les raffineries françaises »

La pensée dominante

Le secteur français du raffinage est en crise. Après Total à Dunkerque et Petroplus à Reichstett en 2010, Lyondellbasell à Berre en 2011, c'est la raffinerie de Petit-Couronne (Petroplus) qui annonce sa fermeture en 2013, faute de repreneur. La France comptait 24 raffineries en 1970, il n'en reste désormais plus que 8 en activité. Les pertes du secteur s'expliquent par de fortes surcapacités de production. D'une part, les raffineries françaises produisent un surplus de produits pétroliers. D'autre part, on assiste à une baisse structurelle de la demande, notamment du fait de la production de véhicules plus légers et donc moins gourmands en carburant. À cela s'ajoute la crise économique, qui compresse un peu plus la demande. L'UFIP (Union française des industries pétrolières) pointe le manque de compétitivité des raffineries françaises. Elle note également que les marges de raffinage ont diminué pour atteindre péniblement 12 euros la tonne en mai 2014. Le secteur français du raffinage réalise des pertes. Il est exposé à la concurrence des nouvelles raffineries en Inde et au Moyen-Orient. Ces dernières sont en mesure d'exporter des carburants vers les marchés européens. En conséquence, une partie des raffineries françaises devrait disparaître par suite des évolutions structurelles du marché.

Notre mise au point

La réduction de la demande de produits pétroliers (en France, en Europe et aux États-Unis) est liée principalement à la diminution de la part de l'industrie dans l'activité économique. Cependant, le problème du raffinage ne se résume pas qu'à un problème d'offre excédentaire. La France, à la différence de l'Europe, n'est pas en surcapacité. Selon l'UFIP, la surcapacité des raffineries est de 6 % en Europe, alors que la capacité de traitement des raffineries françaises est désormais inférieure à la demande française en produits pétroliers[1]. Le problème du raffinage est donc plus complexe qu'il n'y paraît. Un certain nombre d'éléments doivent être clarifiés.

Une offre inadaptée et un manque d'investissement

L'inadaptation de l'offre provient de l'inadaptation de l'outil de travail des raffineries à la demande française. Depuis 1990, la part de la demande de gazole[2] ne cesse de croître par rapport à l'essence, alors que la structure de production des raffineries-le ratio de production gazole/essence – est rigide. Or, avec une consommation française de gazole qui représente 80 % de la consommation de carburants, les raffineries sont contraintes d'exporter leur production excédentaire d'essence et d'importer du gazole. Il en résulte une inadéquation entre l'offre des raffineries et la demande française. En principe, la transformation du pétrole en carburant des raffineries est censée répondre à la demande intérieure.

1 Selon l'UFIP, les raffineries françaises ont une capacité totale de traitement de pétrole brut d'environ 68 millions de tonnes par an. La demande française actuelle est de 76 millions de tonnes par an.

2 Le gazole a un avantage fiscal de 17 centimes par rapport au SP 95.

Cette situation trouve partiellement son origine dans un mauvais signal-prix dû à l'avantage fiscal sur le gazole. Elle provient également du manque d'investissement pour moderniser la structure de production des raffineries françaises. Une étude de l'Institut français du pétrole (IFP-EN) évalue les investissements nécessaires à la restructuration des raffineries françaises à 2,2 milliards d'euros sur 10 ans. Pourtant, malgré la hausse des bénéfices des compagnies ces dernières années, ces investissements n'ont pas été réalisés. Cela s'explique par la logique actionnariale. Cette dernière divise l'entreprise en centres de profit (amont-aval-chimie[3]) et oriente les investissements vers les entités dont les rendements sont les plus élevés, à savoir l'exploration-production. Dès lors, les raffineries sont confrontées à un cercle vicieux. Toute hausse du prix du pétrole renforce la rentabilité de l'exploration-production. Les investissements se dirigent alors vers l'amont, au détriment de l'aval. En conséquence, la hausse des profits de l'activité d'exploration incite à la fermeture des raffineries. Selon la logique actionnariale, celles-ci apparaissent comme des entités plus faibles. Pourtant, des investissements sont nécessaires. Des technologies performantes existent, à l'instar de la raffinerie de Jubail en Arabie Saoudite. Cette raffinerie est dotée d'un système moderne permettant d'adapter le ratio gazole/essence au niveau souhaité.

La volatilité des marges de raffinage

Il faut considérer avec précaution l'argument de la réduction des marges de raffinage. Le calcul de la marge brute de raffinage est la différence entre la valeur des produits raffinés (essence,

3 Amont : exploration-production ; aval : raffinage-distribution.

diesel...) sur le marché de Rotterdam et le coût d'achat du pétrole. Ce coût d'achat inclut le prix du brut (sur les marchés), mais également le fret et les assurances. Cette marge dépend donc davantage de la volatilité des prix des produits raffinés et du brut sur les marchés que de la productivité des acteurs du raffinage, souvent d'ailleurs tenus pour responsables des pertes du secteur. Si les fluctuations des marchés provoquent une augmentation de l'écart entre les prix des produits pétroliers et du pétrole brut, alors le secteur du raffinage réalise des marges sans même que sa productivité réelle ne change (inversement pour les pertes). Il suffit d'observer les données des marges brutes de raffinage sur Brent (euro/tonne) des trois dernières années pour constater la volatilité du secteur. La marge était de 39 euros en moyenne en 2008, de 15 euros en 2009, de 21 euros en 2010 et enfin de 34 euros en 2012. Les chiffres mensuels de 2014 sont encore plus significatifs, avec une marge à 12 euros en janvier 2014-justifiant pour certains la faible compétitivité des raffineries françaises –, alors que, trois mois plus tard, elle s'élevait à 26 euros pour arriver à 32 euros en octobre 2014[4]. Les raffineries françaises ne contrôlent donc pas leurs marges qui, exposées à la volatilité des marchés, peuvent fluctuer très rapidement.

De plus, ce système de marge n'a pas toujours joué contre les compagnies pétrolières. L'IFP-EN[5] note que les pertes financières des compagnies pétrolières consécutives à la chute du prix du pétrole peuvent être compensées par la diminution modérée des prix de l'essence. C'est d'ailleurs ce qui s'est produit au quatrième trimestre 2008 où la chute du prix du pétrole a entraîné mécaniquement une hausse des marges de raffinage de 37 %.

4 Données de l'UFIP.

5 Baudouin, C. et Favennec, J.-P., (1999), *Les marges de raffinage : évolution récente*, IFP-EN.

Le problème du raffinage français s'apparente donc davantage à un « chômage technique du secteur », lié au manque d'investissement des compagnies pour moderniser des moyens de production inadaptés, qu'à un réel problème de compétitivité. Bien que le premier engendre le second. Pourtant, le maintien de raffineries sur les territoires nationaux est primordial. Les raffineries contribuent à la sécurité d'approvisionnement énergétique. Leur disparition peut se révéler dramatique. La France serait alors à la merci des importateurs qui pourront imposer des contraintes de prix en jouant sur le calendrier des importations. Les Français insulaires connaissent cette situation et manifestent périodiquement contre ses méfaits.

IDÉE REÇUE Nº 11

« Les États-Unis vont remplacer l'Arabie Saoudite en devenant le nouveau *swing producer* »

La pensée dominante

Le développement spectaculaire de l'exploitation du pétrole de schiste va entraîner une complète redistribution des cartes sur le plan géopolitique. Le centre de gravité mondial de la fourniture d'énergie va se déplacer du Moyen-Orient aux États-Unis. L'Amérique du Nord va remplacer l'Arabie Saoudite dans son rôle de « swing producer » (producteur capable de remplacer la production défaillante de tout autre producteur). D'ailleurs, les États-Unis sont devenus le premier producteur mondial d'hydrocarbures liquides, devant l'Arabie Saoudite. Depuis 2012, l'offre américaine de pétrole augmente à un rythme proche de celui de la demande mondiale. L'Arabie Saoudite ne semble plus en mesure de jouer son rôle de « swing producer ».

Notre mise au point

La croissance de la production pétrolière aux États-Unis ces dernières années est spectaculaire. Elle ne suffit pourtant pas à faire des États-Unis le nouveau *swing producer*. Le fonctionnement du marché pétrolier américain-dominé par l'action non coordonnée de compagnies pétrolières privées – ne lui permet pas de mobiliser rapidement une offre de pétrole supplémentaire en cas de besoin.

États-Unis et Arabie Saoudite : deux pays pétroliers au fonctionnement et aux besoins radicalement différents

En 2015, les États-Unis ont dépassé l'Arabie Saoudite en produisant 11,64 millions de barils par jour, contre 11,5 pour l'Arabie Saoudite. La production pétrolière américaine a fortement augmenté (de 6,8 millions de barils par jour en 2006 à plus de 11 millions en 2014). La production a été largement tirée par l'exploitation des pétroles de schiste, qui est passée de 300 000 barils par jour en 2006 à 2,4 millions en 2013. La production pétrolière américaine n'est pas destinée à l'exportation. Elle sert principalement la consommation intérieure. En 2013, les États-Unis ont consommé 18,9 millions de barils par jour et ont dû en importer plus de 8 millions pour satisfaire leur consommation. Cette dépendance s'est fortement réduite. En 2006, les États-Unis importaient 13,8 millions de barils par jour pour une production de 6,8 millions. Les réserves prouvées de pétrole des États-Unis sont estimées à 36,5 milliards de barils, avec une augmentation de 9,3 %

en 2013 (95 % de cette augmentation est attribuable aux pétroles de schiste)[6].

Le marché pétrolier américain est plutôt un marché ouvert et concurrentiel. On y trouve des sociétés pétrolières internationales américaines et étrangères (les « *majors* »), comme Exxon-Mobil ou Total. D'autres compagnies pétrolières sont de taille moyenne (les « *juniors* »), avec des capacités financières plus faibles, mais une plus grande flexibilité organisationnelle, comme XTO Energy. Le succès du développement des gaz et pétroles de schiste est principalement l'œuvre de ces *juniors*, cibles d'acquisitions par les *majors*.

L'Arabie Saoudite est membre de l'OPEP. La production saoudienne-11,5 millions de barils par jour – représente le tiers de la production de l'organisation. Le pays consomme 2,9 millions de barils par jour et exporte le solde (8,8 millions de b/j). L'Arabie Saoudite est, derrière le Canada, le deuxième plus gros exportateur d'or noir vers les États-Unis. Entre 2005 et 2013, la production pétrolière évolue en dents de scie. En 2005, elle dépassait les 11 millions de barils pour descendre à 9 millions en 2009, puis remonter à nouveau à plus de 11 millions en 2014. Cela s'explique par le fait que l'Arabie Saoudite produit par quotas. Le pays ajuste son niveau de production en fonction de l'offre et de la demande mondiales.

Bien que le niveau de production de l'Arabie Saoudite soit très proche de celui des États-Unis, les caractéristiques et le fonctionnement des marchés pétroliers américain et saoudien sont aux antipodes. Alors que le marché américain est plutôt ouvert et concurrentiel, le marché saoudien est fermé et monopolistique. La compagnie nationale Saudi Aramco,

6 Murtaugh, D. et Weber, H.R., (2014), « US oil reserves highest since at least 1975 on shale », *Bloomberg Business Week*, 4 décembre.

société publique (100 % saoudienne), détient le monopole de l'exploration et la production de pétrole. Elle occupe une place primordiale au côté du gouvernement saoudien. C'est également la première du classement des 20 plus grosses compagnies pétrolières. Concernant la production pétrolière, si les volumes sont proches de ceux des États-Unis, le coût d'extraction du pétrole saoudien est probablement le plus bas au monde. *A contrario*, les pétroles de schiste sont des pétroles non conventionnels aux coûts d'extraction beaucoup plus élevés. Enfin, l'Arabie Saoudite détient les réserves prouvées d'or noir les plus élevées au monde, avec 266 milliards de barils.

Le rôle de l'Arabie Saoudite au sein de l'OPEP

Créée en 1960, l'OPEP est composée de quatorze pays. Ses membres sont situés au Moyen-Orient (Iran, Arabie Saoudite, Émirats arabes unis, Irak, Koweït et Qatar), en Afrique (Algérie, Libye, Angola, Nigeria, Gabon, Guinée équatoriale) et en Amérique latine (Venezuela et Équateur). Par définition, sa « raison sociale » est de constituer une « Organisation des pays exportateurs de pétrole ». L'objectif de l'organisation est d'exercer un pouvoir de marché collectif, notamment en jouant sur les volumes de production de pétrole. Actuellement, la production de l'OPEP représente environ 30 millions de barils par jour (contre 24,4 millions entre 2009 et 2011), soit 30 % de la production mondiale. La capacité de production est estimée à 35 millions de barils par jour. Le cartel dispose de 72,5 % des réserves mondiales de brut (principalement situées au Moyen-Orient). Sur les six pays détenant les réserves les plus importantes, quatre sont membres de l'OPEP : l'Iran, l'Arabie Saoudite, l'Irak et le Venezuela. La concentration par pays est renforcée par la concentration des gisements. Sur plus de 30 000 gisements commerciaux dans le monde, 450 à 500 gisements sont dits « géants » (avec des réserves supérieures à 70 millions de tonnes), dont une soixantaine qualifiés de « supergéants » (avec des réserves supérieures à 700 millions de tonnes). Le Moyen-Orient concentre 60 % des « supergéants », soit 40 % des réserves prouvées de la planète[7].

Au sein de l'organisation, l'Arabie Saoudite a un rôle de leader. Quelques jours avant les réunions de l'OPEP, elle annonce souvent sa position quant aux changements de niveau des quotas. À maintes reprises, la position de l'organisation s'est alignée sur celle de l'Arabie Saoudite, malgré des besoins différents selon les pays.

Des études ont été réalisées sur le comportement de l'Arabie Saoudite avec le reste de l'organisation, de 1970 à 2012. Elles révèlent que, lorsque la demande mondiale diminue fortement (comme lors des crises de 1974-1975 ou de 2008-2009), l'Arabie Saoudite et les pays de l'OPEP réduisent leurs quotas. Dans certaines situations, l'Arabie Saoudite ajuste davantage à la baisse sa production que les autres membres de l'organisation. Certains d'entre eux se comportent comme des *free riders* (passagers clandestins) en dépassant intentionnellement leurs quotas. En revanche, lorsqu'il y a interruption de la production d'un membre de l'OPEP, l'Arabie Saoudite augmente systématiquement ses exportations pour compenser la baisse. Ce fut le cas lors de tous les événements géopolitiques majeurs, de la révolution iranienne de 1979 à la révolte libyenne en 2011[8].

---

7 IFP énergies nouvelles.

8 Alkhathlan, K., Gately, D. et Javid, M., (2014), « Analysis of Saudi Arabia's behavior within OPEC and the world oil market », *Energy Policy*, vol. 64, pp. 209-225.

Un article de recherche montre que l'Arabie Saoudite peut, selon les périodes, adopter des comportements différents. Elle peut agir comme un *swing producer* pour assurer une stabilité au prix (1976-1986) ou comme un *market-sharing producer* pour conserver ses parts de marché (1987-1995)[9]. Ce changement de comportement dépend principalement de la part de marché de l'OPEP. Lorsqu'elle est proche ou supérieure à 40 %, le cartel a un fort pouvoir de marché et accepte de jouer le rôle de *swing producer*. En revanche, quand la part de marché est proche de 30 %[10], l'organisation perd son influence sur les prix de l'or noir. Elle adopte alors le rôle de *market-sharing producer*.

En croisant ces travaux de recherche, on remarque que, même lorsque l'Arabie Saoudite a choisi d'adopter un comportement de *market-sharing producer*, elle peut redevenir ponctuellement un *swing producer* s'il faut combler la production manquante d'un membre de l'OPEP. Cette flexibilité est possible grâce au système des quotas, qui offre une capacité de production directement mobilisable.

Les États-Unis ne pourront pas assurer le rôle de nouveau *swing producer*

Le rôle de *swing producer* ne se résume pas uniquement au fait d'augmenter sa production au même rythme que la demande mondiale. Il implique également de pouvoir remplacer la production de tout autre pays défaillant. Or, le profil de production des États-Unis, tout comme de l'ensemble

9 Al-Yousef, N.A., (1998), « Modelling Saudi Arabia's behavior in the world oil market 1976-1996 », Surrey Energy Economics Centre, Department of Economics, University of Surrey, United Kingdom.
10 Hansen, J.P. et Percebois, J., (2011), *Énergie : économie et politiques*, De Boeck, p. 205.

des pays hors OPEP, ne leur permet pas de combler un manque sur le marché. Ils produisent à pleine capacité et ne disposent donc pas de marges de production suffisantes et directement mobilisables[11]. En mars 2011, la production libyenne a chuté de 80 % au moment des révoltes arabes. Il n'a pas été envisagé que la Russie-premier producteur mondial à l'époque –, ni même que l'ensemble des pays hors OPEP-qui représentaient 60 % de la production mondiale – endossent le rôle de producteur d'appoint. Force est de constater que, dans ce type de situation, un niveau de production élevé sans marges disponibles ne signifie plus grand-chose. Le comportement de *swing producer* implique des réponses à des évolutions à moyen terme (évolution de la demande), mais également à des évolutions à court terme (guerre, tensions géopolitiques). Les États-Unis peuvent répondre dans le premier cas, pas dans le second.

Le rôle de *swing producer* tient donc en grande partie d'une volonté politique : celle d'accepter de contraindre sa production de pétrole en produisant par quotas. L'objectif est de maintenir les prix et de pouvoir disposer de marges de production immédiatement mobilisables en cas de nécessité. Or, le marché pétrolier américain-dépendant d'actions non coordonnées de compagnies privées produisant pour maximiser leurs profits – ne s'y prête pas. Il est plus difficile d'imposer à des compagnies privées des niveaux de production qu'à une seule compagnie publique (cas de l'Arabie Saoudite et de la majorité des pays de l'OPEP).

Pour conclure, le rôle de *swing producer* ne dépend pas uniquement du niveau de production, mais également de la capacité d'augmenter (ou diminuer) à très court terme l'offre

11 Porcher, T., (2013), *Le mirage du gaz de schiste*, Max Milo, pp. 49-51.

d'or noir. Le fonctionnement de l'Arabie Saoudite, avec une production par quotas et une compagnie publique en monopole étroitement liée au gouvernement, permet de remplir pleinement ce rôle. Ce n'est pas le cas des États-Unis. Si, depuis 2014, l'OPEP joue plutôt le rôle de *market-sharing producer*, cela ne devrait toutefois pas l'empêcher d'assurer celui de *swing producer* en cas de besoin.

IDÉE REÇUE Nº 12

« L'innovation dans la fourniture d'électricité est un moteur de la concurrence »

La pensée dominante

La libéralisation de l'aval de l'industrie électrique a pour objectif la création de marchés de détail concurrentiels. La forte dynamique concurrentielle s'appuie sur l'innovation. De nouveaux entrants en fourniture bousculent les positions dominantes des anciens monopoles grâce à une offre très innovante. Un processus de « destruction créatrice » à la Schumpeter[1] permet à ces nouveaux entrants (qualifiés d'« entrepreneurs »[2]) de bénéficier d'un leadership, voire d'un pouvoir de monopole temporaire. À l'instar du secteur des télécommunications, l'entrée régulière de rivaux « entrepreneurs innovateurs » dynamise la concurrence, pour le plus grand bénéfice des consommateurs. Ces derniers peuvent alors choisir entre les offres différenciées des fournisseurs.

---

1 Schumpeter, J., [1942], *Capitalisme, socialisme et démocratie*, Payot, coll. « Petite Bibliothèque Payot », 1974.

2 Pour Schumpeter, « l'entrepreneur innovateur » joue un rôle central dans la dynamique d'innovation et donc dans le processus concurrentiel sur un marché.

Notre mise au point

L'ouverture à la concurrence de l'industrie des télécommunications a bénéficié de l'entrée de firmes innovantes, qui ont stimulé la concurrence en proposant de nouveaux produits ou services. Les marchés de détail d'électricité bénéficient-ils d'innovations majeures ? Le postulat théorique d'une concurrence fondée sur l'innovation s'applique-t-il à l'électricité ? Nous démontrons que l'absence de leviers d'innovation et de différenciation du bien homogène « électricité » entrave le développement de la concurrence.

Une vision « schumpéterienne » de la concurrence

Les économistes (dont Littlechild[3] et Hunt[4]) promoteurs de l'ouverture à la concurrence de l'activité de fourniture d'électricité l'ont justifiée par les gains pour les consommateurs résultant de l'entrée de fournisseurs innovants, capables de conquérir rapidement des parts de marché *via* des offres différenciées et une organisation agile. Ces entrées sont supposées mettre en mouvement le marché et « challenger » les anciens monopoles. Le tandem innovation-monopole temporaire permet alors d'acquérir provisoirement une position dominante et d'accroître les marges. Il incite à l'entrée de nouvelles firmes attirées par les opportunités de profit à l'aval de la chaîne de valeur. À leur tour, ces entrées nourrissent la dynamique concurrentielle au profit des consommateurs. Cette prémisse théorique s'est vérifiée

3 Littlechild, S., (2000), « Why we need electricity retailers : a reply to Joskow on wholesale spot price pass-through », Research Paper in Management Studies, University of Cambridge-Judge Business School ; Littlechild, S., (2002), « Competition in retail electricity supply », *Journal des Économistes et des Études humaines*, 12.

4 Hunt, S., (2002), *Making Competition Work in Electricity*, Wiley.

sur le marché des télécommunications, où Internet a joué le rôle d'innovation radicale. Est-elle valide pour les marchés de détail d'électricité ?

La faible attractivité économique de l'activité de fourniture

Dans le schéma institutionnel d'origine de la chaîne de valeur électrique, la fourniture au client final était fusionnée avec l'activité du réseau de distribution, *via* des monopoles locaux ou nationaux. Le métier de fournisseur n'existait pas en tant que tel. La dissociation des activités de distribution et de fourniture fait apparaître un nouvel acteur dans la filière : le fournisseur d'électricité. La création explicite, par les réformes concurrentielles, de l'activité de fourniture vise à créer un segment concurrentiel à l'aval de la chaîne de valeur.

Cependant, l'activité de fourniture ne représente qu'une fraction infime des coûts de la chaîne de valeur (environ 5 % des coûts totaux). Par conséquent, l'espace de profitabilité des nouveaux entrants en fourniture est très restreint. En dehors de rares exceptions[5], le segment de la fourniture n'est pas attractif économiquement. La majorité des entrants en fourniture ont d'ailleurs échoué (Boroumand, 2009[6]), sont sortis du marché ou ont étendu leur activité à la production d'électricité. Dans la quasi-totalité des pays, la part de marché globale des nouveaux entrants en fourniture est faible.

5 Au Texas et dans certains États australiens (Victoria et Australie méridionale), le régulateur impose un prix de vente régulé à l'ancien monopole. Ce prix est suffisamment élevé pour offrir un espace de profitabilité et stimuler l'entrée de nouveaux fournisseurs sur le marché de détail. Les nouveaux entrants en fourniture peuvent ainsi concurrencer l'ancien monopole en réalisant des marges.

6 Boroumand, R.H., (2009), « Les fournisseurs non intégrés d'électricité : l'échec d'un modèle organisationnel », *Revue de l'Énergie*, n° 590.

Des leviers de différenciation faibles

Un article publié dans la revue scientifique *Energy Policy*[7] montre que les opportunités d'innovation dans la fourniture d'électricité sont limitées. L'électricité est un bien homogène (le consommateur ne perçoit aucune différence entre deux kWh d'électricité), indivisible et non façonnable[8]. Il n'existe pas de levier d'innovation par le « *packaging* » ou le conditionnement[9].

L'industrie électrique est structurée principalement autour de gros opérateurs intégrés verticalement (de la production à la fourniture d'électricité). La chaîne de valeur est caractérisée par une forte inertie, l'absence d'innovations fréquentes et d'importantes économies d'échelle. Les processus d'innovation sont lents et incrémentaux.

L'absence d'innovations et l'homogénéité du bien entravent toute différenciation de produits. Les innovations technologiques concernent généralement l'activité de production ou sont le fait des fournisseurs d'équipements. C'est le cas notamment des « *smart meters* ». Les fournisseurs d'électricité ne jouent pas le rôle de vecteurs d'innovations (Defeuilley, 2009).

Les principaux leviers de différenciation sont la durée du contrat de fourniture, les modalités de tarification (innovation « contractuelle »[10]) et la fourniture conjointe de gaz et d'électricité (offre « bi-énergie »). Pour fidéliser ses clients, un

7 Defeuilley, C., (2009), « Retail competition in electricity markets », *Energy Policy*, vol. 37, n° 1.

8 On s'attendrait alors à une concurrence de prix entre fournisseurs d'un bien homogène, mais ce n'est pas le cas-voir l'idée reçue n° 1 et Boroumand, R.H., (2015), « Electricity markets and oligopolistic behaviors : The impact of a multimarket structure », *Research in International Business and Finance*, vol. 33, pp. 319-333 (Elsevier).

9 À la différence de l'eau minérale, dont le *packaging* est une source de différenciation entre concurrents.

10 Contrats à prix fixes, contrats à durée prédéfinie, contrats interruptibles, contrats au forfait ou à prix indexés sur les prix de gros.

fournisseur peut aussi offrir des services (suivi interactif de la consommation, relevé de compteurs, conseil pour optimiser la consommation, facturation flexible, bilan annuel, octroi de prêts pour l'achat d'équipements électriques, installation gratuite de chaudière, bilan énergétique, entretien des équipements).

Enfin, certains fournisseurs proposent des contrats dits « interruptibles » pour réduire la facture de leurs clients ou se positionnent en fournisseur « vert ». L'électricité et le gaz jouent alors le rôle de produits d'appel sur lesquels les fournisseurs greffent des services qui permettront de justifier des prix contractuels plus élevés ou des prix différenciés au sein de leur offre.

En l'absence d'innovations technologiques radicales pour la fourniture d'électricité, la différenciation par les services et l'innovation « contractuelle » constituent deux leviers distincts, mais complémentaires, pour stabiliser les parts de marché et maximiser les profits. La recherche par les fournisseurs d'une telle stabilisation a conduit au développement de contrats à prix plafonnés ou fixes sur plusieurs années (3 à 5 ans). Ces contrats réduisent à chaque période la proportion des consommateurs susceptibles de changer de fournisseur et contribuent ainsi à une stabilisation (de fait) du jeu concurrentiel. Par ces contrats pluriannuels à prix fixe, les fournisseurs dissuadent leurs clients d'opter pour un concurrent. En effet, de nombreux consommateurs restent fidèles à leur fournisseur. Les offres concurrentes leur apparaissent peu lisibles et complexes. Leur aversion au risque et les coûts de changement les incitent au *statu quo*. À cela s'ajoutent des clauses contractuelles abusives, comme l'a révélé en février 2015 la Commission des clauses abusives, instance sous l'autorité du gouvernement français.

Les consommateurs disposent juridiquement du libre choix de leur fournisseur. Cependant, en l'absence de réels leviers de différenciation, ce choix ne leur procure pas de gains notables.

La « destruction créatrice » à la Schumpeter est un leurre. Le choix offert aux consommateurs est virtuel.

Quels remèdes pour stimuler la concurrence ?

Pour que la concurrence de détail ne soit pas fictive et inutile au consommateur, il faut instaurer les conditions d'une différenciation entre fournisseurs (Saguan et Sautel, 2011[11]). Le déploiement des compteurs communicants et plus généralement la numérisation du secteur pourront y contribuer. Les technologies numériques peuvent jouer un rôle de catalyseur du développement de la concurrence de détail. En effet, le suivi horaire de la consommation individuelle des clients apportera des informations pertinentes aux fournisseurs. Ces derniers pourront proposer des offres sur mesure, comme une tarification individualisée en fonction des profils horaires de consommation. Le régulateur, en décidant des modalités d'accès à l'information, des fonctionnalités des compteurs et des règles de marché, joue un rôle majeur dans le développement de modèles économiques innovants et de services différenciés (Saguan et Sautel, 2011). Sur un marché électrique libéralisé, la régulation est un déterminant clé de la dynamique concurrentielle. Sans régulation efficiente, pas de gains tangibles pour les consommateurs.

---

11 Saguan, M. et Sautel, O., (2011/2), « L'ouverture à la concurrence du secteur électrique : rôle et gains du client », *Flux*, n° 84, pp. 8-20.

Pour être pertinente, une réforme concurrentielle doit tenir compte des caractéristiques et spécificités de l'électricité. Ce qui peut fonctionner pour les télécommunications ou l'aérien n'est pas transposable à l'électricité et au gaz. La décision politique de créer de toutes pièces des marchés de détail était fondée sur des prémisses théoriques erronées voire une forme de posture idéologique.

Sur un plan normatif, la question fondamentale est de savoir si la concurrence de détail a permis de renforcer la performance globale de l'industrie électrique. Force est de constater que le compte n'y est pas pour les consommateurs.

IDÉE REÇUE N° 13

« La production décentralisée d'électricité est une impasse »

La pensée dominante

Les systèmes énergétiques sont fortement capitalistiques et caractérisés par des durées longues de retour sur investissements. Ces investissements doivent faire l'objet d'une planification à long terme par l'État ou par des énergéticiens privés disposant d'une taille critique. La production d'électricité par de grands opérateurs permet de réaliser d'importantes économies d'échelle. Face à ces opérateurs, le bon échelon de politique énergétique ne peut être alors que national ou européen. Dans le secteur de l'énergie, c'est le « big is beautiful »[1] qui s'impose. Afin d'éviter tout dysfonctionnement à l'échelle nationale, les questions énergétiques ne peuvent être laissées aux collectivités territoriales. Le développement de la production décentralisée d'électricité mène à l'autarcie des territoires et expose le système électrique à des déséquilibres coûteux. Les promoteurs de cette troisième « révolution industrielle », qui combine le numérique et les énergies renouvelables, sous-estiment les risques liés à la décentralisation électrique. Le système qu'ils proposent est une illusion.

1 En référence à la philosophie « *big is beautiful* », qui guide la Banque mondiale pour certains de ses prêts financiers.

Notre mise au point

Il ne faut pas opposer production centralisée et décentralisée. L'avenir est à un système hybride, qui combinerait un système centralisé et de la production décentralisée. Dès lors, les questions d'intégration des énergies renouvelables dans des réseaux électriques modernisés et leur transport sûr et fiable sur de longues distances sont des enjeux majeurs.

Qu'est-ce que la production dite « décentralisée » d'électricité ?

La production « décentralisée » d'électricité renvoie à ce que l'on nomme en anglais *distributed electricity generation*. Bien qu'il n'existe pas de consensus universel sur une définition stricte de cette expression, elle présente deux caractéristiques spécifiques. La production est réalisée à petite échelle et proche du lieu de consommation. Plus précisément, la production décentralisée est la production d'électricité à partir d'équipements de petites capacités à des niveaux de tension peu élevée (basse ou moyenne). La production décentralisée s'appuie sur des sources renouvelables : le solaire, l'éolien, la géothermie, la biomasse, l'hydraulique à petite échelle, la microcogénération (valorisation locale à petite échelle d'énergies fossiles). Ces sources sont inégalement réparties sur l'ensemble d'un territoire national. Dès lors, toute politique de déploiement des énergies renouvelables conduit, de fait, à un mouvement de décentralisation de la production d'électricité.

Par opposition, la production dite « centralisée » s'appuie sur des centrales de production de grandes capacités (centrales nucléaires, gros barrages hydrauliques) raccordées à de grands réseaux de transport (haute et très haute tension). La France est historiquement caractérisée par un fort centralisme dans ses choix de gouvernance, par opposition au fédéralisme allemand. Ce n'est donc pas surprenant de retrouver dans la composition du mix (ou bouquet) électrique français la marque d'une politique énergétique ultracentralisée : 70 % de l'électricité est produite à partir du nucléaire (56 réacteurs). Si la planification étatique des investissements et l'existence pendant des décennies d'un énergéticien en monopole confèrent aujourd'hui à la France une empreinte carbone plus faible que celle de beaucoup de pays européens, la décision de réduire la part du nucléaire à 50 % d'ici 2025 dans la production d'électricité (loi de transition énergétique votée en août 2015) et la politique de soutien aux énergies renouvelables confirment la tendance vers un système de production d'électricité moins centralisé. Au niveau européen, les plans énergie-climat (le « Green Deal » de 2019 et le « Fit for 55 » de 2021) misent sur une forte accélération du déploiement des énergies renouvelables. Cette feuille de route ouvre le chemin vers un nouveau paradigme énergétique avec des opérateurs plus petits, des moyens de production peu gourmands en capital et une coordination locale de l'offre et de la demande d'énergie.

La production décentralisée soulève des questions

La production décentralisée est-elle une véritable rupture ou une simple illusion ? Quels sont les enjeux, les avantages et les risques d'un système décentralisé ? Quels sont les impacts pour les consommateurs ? La production décentralisée est-elle l'avenir du système électrique européen ?

Une combinaison de facteurs en faveur d'un système moins centralisé

Face à l'urgence climatique et une électricité de plus en plus chère, on observe dans de nombreux pays une volonté forte des citoyens de s'approprier les enjeux énergétiques pour reprendre leur « destin énergétique » en main. Une véritable évolution sociétale et un intérêt pour des solutions locales maîtrisées sont à l'œuvre. Les consommateurs sont de plus en plus actifs et ne souhaitent plus se voir imposer des choix énergétiques sur un modèle « *top down* » défini sur la base d'enjeux technico-économiques qui leur échappent. De plus en plus de citoyens développent une conscience énergétique et climatique pour une consommation sobre. Enfin, les décisions en matière d'urbanisme sont prises par les communes. Elles sont responsables de l'aménagement du territoire et de l'organisation de la distribution de l'électricité et du gaz. Pourquoi ces dernières ne seraient-elles pas légitimes pour prendre en charge les problématiques énergétiques (maîtrise de la demande et investissements dans des équipements locaux de production) ? En France, il existe 160 distributeurs locaux d'électricité (à Strasbourg, Grenoble, Metz...). Malgré l'inertie qui caractérise tout système énergétique, leur rôle pourrait s'étendre à la production d'électricité et leur nombre pourrait croître dans les années à venir.

La production décentralisée constitue donc une véritable rupture, et non une simple illusion. C'est un nouveau chemin qui s'ouvre. Pour éviter que ce chemin ne se transforme en impasse, il faut pouvoir anticiper les risques par des investissements et une régulation appropriés. Une démarche industrielle doit accompagner le développement de la production décentralisée. Toute politique énergétique efficace doit tenir compte de quatre paramètres : la décarbonation du système énergétique, le pouvoir d'achat des ménages, la sécurité d'approvisionnement à long terme et la compétitivité industrielle. Opposer, sur un fondement dogmatique, les deux modes de production d'électricité n'est pas constructif. Cependant, la question de la rentabilité des EnR pour les opérateurs et celle de l'impact sur la facture des ménages ne peuvent être éludées.

Énergies renouvelables, une rentabilité croissante

Naturellement, la production décentralisée ne constituera une option crédible et pérenne qu'à la condition d'être rentable pour toutes les parties prenantes (« *stakeholders* »)[2]. Un système énergétique performant doit permettre de lutter contre le réchauffement climatique, mais aussi être économiquement viable. Produire de l'énergie locale à perte est un non-sens. La lutte contre les émissions de CO_2 doit s'appuyer sur des modèles économiques rentables pour la compétitivité de l'Europe, la préservation des emplois et le pouvoir d'achat des citoyens. Il faut donc mettre en place un modèle de développement harmonieux des EnR, malgré la faible marge de manœuvre des finances publiques et privées en Europe. Les politiques industrielles de « *stop and go* », comme celle dont fut victime l'industrie photovoltaïque française, ont conduit à la faillite de la quasi-totalité des opérateurs spécialisés (voir l'idée reçue n° 19).

Le coût de production du solaire et de l'éolien a fortement diminué depuis 30 ans. Le coût marginal d'un watt d'électricité solaire atteint des niveaux de coûts de plus en plus bas. Si le solaire reste sur la même courbe d'apprentissage, nul

2 Producteurs, consommateurs, fournisseurs, opérateurs de réseau.

doute que les rendements d'échelle seront de plus en plus élevés, avec une forte baisse des coûts d'équipements des EnR (turbines, cellules, pales). Ils permettront de produire de l'électricité à un coût marginal faible. La compétitivité des énergies renouvelables a vocation à s'affirmer, même si des politiques de soutien sont temporairement nécessaires. Le temps joue en faveur des EnR. Certains projets éoliens affichent un coût complet inférieur à celui du nucléaire de 3e génération (voir l'idée reçue nº 3). La production décentralisée pourrait alors constituer un choix économiquement pertinent par rapport aux autres énergies.

Le renchérissement du prix du CO_2 va accroître le coût des énergies fossiles. Il ne sera plus nécessaire de subventionner les EnR pour qu'elles soient rentables. Ces subventions conduisent à des dysfonctionnements sur les marchés de gros d'électricité, dont les prix horaires ne reflètent plus les mécanismes de marché. Il faudrait relier les subventions par filière EnR aux prix du marché de gros. Un tel mécanisme incite à la production d'électricité « verte » autant que nécessaire. Il permet le déploiement des EnR sans entraîner de dysfonctionnements.

Un risque de déséquilibre et de saturation des réseaux de transport d'électricité ?

Historiquement, les réseaux étaient associés à des systèmes de production centralisés et de consommation croissante. La donne a changé. Le rôle clé du réseau se voit renforcé par le développement massif des énergies renouvelables. La principale limite inhérente à la production décentralisée est celle de l'intermittence (période d'interruption involontaire de la production) des énergies éoliennes et solaires[3]. En Europe, les conditions de vent font que les éoliennes ne fonctionnent en moyenne annuelle que 25 % du temps. La variabilité journalière et saisonnière des EnR implique de multiplier les sources d'énergie pour minimiser les risques de déséquilibre entre l'offre et la demande d'électricité. Le développement de la production décentralisée entraîne une modification structurelle des flux d'énergie et de puissance dans les réseaux. Dans un système décentralisé, le risque de pénurie d'électricité est élevé en cas de reprise de la croissance (qui se traduira par une hausse de la consommation d'électricité) ou d'hiver rigoureux. Or, dans la mesure où les zones de production et de consommation ne se confondent souvent pas, il est impératif de pouvoir transporter l'électricité en s'appuyant sur des réseaux intelligents à l'échelle locale (les « *smart grids* »). Dans leur configuration technique actuelle, de nombreux réseaux électriques ne sont pas adaptés à un taux élevé de pénétration des EnR. Au niveau européen, 40 % des infrastructures ont plus de 40 ans. La part des énergies renouvelables doit doubler d'ici 2030. Pour atteindre cet objectif et répondre à l'électrification croissante des usages, l'UE doit investir près de 600 milliards d'euros. Sans des infrastructures adaptées, la transition énergétique sera un échec.

En Allemagne, la production éolienne se situe principalement dans le Nord et la consommation, essentiellement dans le Sud du pays. Les réseaux électriques sont également caractérisés par un déséquilibre entre le Nord et le Sud. Lors de la fermeture des centrales nucléaires du Sud,

3 L'électricité ne peut être produite que lorsqu'il y a du vent ou du soleil. L'intermittence ne concerne cependant pas toutes les EnR. La biomasse, la géothermie et l'énergie hydraulique (sauf cas de faible pluviométrie) peuvent produire de l'électricité en continu aux heures souhaitées. Par ailleurs, la prévisibilité de l'intermittence varie selon les énergies. La production photovoltaïque solaire est plus prévisible que celle de l'éolien, compte tenu des changements rapides des conditions de vents.

le réseau allemand était incapable de transporter l'électricité éolienne du Nord vers les sites de consommation du Sud. L'Allemagne fut contrainte d'importer massivement de l'électricité. D'ici 2030, il faudra construire en Allemagne 4 500 km de nouvelles lignes de transport très haute tension pour acheminer de l'électricité « verte » du nord au sud. Comment faire accepter à l'opinion publique la construction de ces nouvelles infrastructures ?

Par ailleurs, les grandes zones urbaines produisent rarement leur énergie, alors que certaines régions produisent davantage qu'elles ne consomment, d'où l'importance des échanges interrégionaux. En France, l'éolien est concentré en Champagne-Ardenne, Manche et Bretagne. Pour le photovoltaïque, les sources sont concentrées en PACA, Midi-Pyrénées, Aquitaine et Languedoc-Roussillon. Pour équilibrer l'offre et la demande entre les régions et éviter toute tentation d'autarcie énergétique régionale, le rôle des réseaux devra évoluer.

La recherche sur les technologies de production et de stockage (pour gérer l'intermittence) est donc une condition clé du développement de la production décentralisée. D'importants investissements doivent être réalisés pour adapter le réseau. Le mouvement est bien amorcé. Pour profiter des énergies renouvelables des différents territoires, le réseau de transport doit assurer la mutualisation et l'optimisation des ressources. Les projets identifiés pour la décennie à venir représentent 52 000 km de lignes à très haute tension neuves ou rénovées, soit un investissement total d'environ 100 milliards d'euros, selon l'Association des gestionnaires de transport d'électricité européens (European Network of Transmission System Operators for Electricity). Il est essentiel de réduire l'écart entre les temps de construction des moyens de production décentralisés (en moyenne quelques années) et celui du réseau (durée plus longue en raison des procédures préalables à la construction des lignes de transport).

Les questions de l'intégration de ces nouvelles énergies dans les réseaux électriques et de leur transport sur de longues distances sont donc des enjeux majeurs. À défaut de technologie de stockage, c'est aux réseaux de transport d'électricité d'assurer la valorisation des énergies propres en diffusant l'électricité produite lorsqu'elle excède la consommation, ou en important l'électricité en cas de production insuffisante. Si l'objectif de lutte contre le dérèglement climatique est primordial, la gestion de la trajectoire d'évolution des mix de production et des infrastructures de réseaux correspondantes n'a pas été anticipée convenablement.

Le consommateur, nouvel acteur du système énergétique

À ce jour, les contraintes d'exploitation pèsent sur les réseaux. Cela signifie que les opérateurs décentralisés ne sont pas responsabilisés à l'égard de leurs volumes de production d'électricité. Les EnR sont prioritaires sur les réseaux. À moyen terme, l'objectif est de soumettre les productions éoliennes et solaires (quand ces technologies seront bien installées) à une logique de rentabilité. Les producteurs devront s'engager à fournir des volumes de production à travers des mécanismes de pilotage de la production et le paiement de pénalités en cas de non-respect de ces volumes. On pourrait alors observer un développement de la production locale d'électricité par des consommateurs réunis sous forme de coopérative locale pour produire l'électricité (autoconsommation). Les consommateurs deviennent des « consomm'acteurs », capables de piloter leur demande. C'est une véritable révolution pour le secteur énergétique, dans la mesure où la demande n'est plus considérée comme passive. Elle devient une « ressource » du système. Grâce aux technologies de l'information, les « *smart meters* » (à l'instar du compteur Linky en France) contribueront à flexibiliser le niveau de consommation en responsabilisant les consommateurs (voir l'idée reçue n° 6). Les fournisseurs pourront intégrer la gestion de la demande[4] à leurs activités. La demande devient alors un levier qui contribue à l'équilibre du système électrique, comme c'est le cas, notamment, en Californie. En disposant d'informations en temps réel sur leur consommation, les consommateurs pourront modifier leurs usages de consommation en périodes de tension entre l'offre et la demande (heures de début et fin de journée) à l'instar par exemple de nombreux ménages finlandais. Naturellement, les contrats de fourniture d'électricité devront proposer des compensations financières, comme en Grande-Bretagne, pour inciter au changement des comportements de consommation. Les programmes de gestion de la demande pourront renforcer la sécurité du système électrique en réduisant la demande lors des pics de prix de gros. La combinaison des EnR et de l'interactivité offerte par la numérisation va révolutionner le secteur de l'énergie.

L'émergence de nouveaux « *business models* »

De nouveaux *business models*, comme celui d'« agrégateurs de production », vont se développer. Leur rôle consistera à mutualiser les risques d'exploitation pour mieux coordonner

4 Le terme anglo-saxon est « *Demand Response* » ou parfois le concept plus large de « *Demand Side Management* ».

et valoriser les productions locales d'électricité. Il s'agit d'une nouvelle activité d'optimisation locale des énergies (biomasse, vent, solaire, géothermie, grand et petit hydraulique), qui pourra inclure la cogénération (production simultanée de chaleur et d'électricité) ainsi que les réseaux de chaleur. Le rôle d'optimisation énergétique de ces agrégateurs est essentiel. Sinon, comment inciter les consommateurs à consommer moins, alors que la production à partir de sources renouvelables excède la demande à certaines heures de la journée ?

Le rôle des régions dans l'émergence d'un système « hybride » de production

Les régions ont un rôle d'impulsion, avec une montée en puissance des territoires, acteurs de cette transition électrique. Il faut veiller à ne pas créer un rapport de force entre l'État et les collectivités territoriales. L'objectif doit être de mettre en place un système de production *hybride* qui combinerait un système centralisé et de la production décentralisée. Il serait déraisonnable de renoncer à un système centralisé dont l'efficacité est prouvée. L'approche décentralisée ne doit pas nuire à la stabilité générale du système ni conduire à des dysfonctionnements sur les marchés de gros. En l'absence de stockage, des énergies dites « pilotables » (une énergie qui peut être produite en fonction de la demande selon les volumes dont les consommateurs ont besoin) sont nécessaires pour constituer une réserve de production, compte tenu de l'intermittence des renouvelables. L'Europe devrait bénéficier d'un développement considérable du solaire photovoltaïque et de l'éolien terrestre avec, à moyen terme, une diversification par l'éolien *offshore* (installé en mer). Pour ce dernier, l'incertitude est plus forte, étant donné la taille considérable des projets, les capacités industrielles nécessaires à la construction des parcs et leur coût plus élevé que pour l'éolien terrestre.

Ce changement de paradigme va conduire à l'émergence de nouveaux acteurs et modifier les relations entre fournisseurs d'énergies, distributeurs et producteurs locaux. Dès lors que l'énergie est gérée aux échelons local, national et européen, se pose la question de l'articulation entre ces différents échelons pour une cohérence globale du système au niveau européen. De nombreux enjeux ne peuvent être gérés qu'aux niveaux national et européen. Dès lors, quelles clés de répartition des compétences et des décisions entre le local, le national et l'Europe ? Il faut imaginer une forme de décentralisation qui rapproche les acteurs privés des collectivités territoriales. Le recours aux partenariats public-privé (PPP) peut être un levier.

La nouvelle économie énergétique est en marche, avec de nouvelles frontières, de nouveaux enjeux et de nouveaux acteurs ! Nous vivons une révolution énergétique à très fort potentiel. Elle repose sur un modèle coopératif alliant les technologies énergétiques et numériques pour le développement de systèmes énergétiques décentralisés et communicants. Le pilotage de la consommation se fera grâce à des capteurs et des microprocesseurs. Il s'agira de développer le potentiel de production locale pour une montée en puissance des territoires, tout en restant connecté au réseau électrique central.

Le futur mix électrique européen sera caractérisé par la coexistence de grandes infrastructures et de systèmes locaux qui s'appuieront sur la sécurité apportée par le maillage du réseau. Comme pour tout changement de modèle, il faudra tenir compte des réticences des citoyens, à l'instar du syndrome Nimby (*Not in my backyard*, pas dans mon arrière-cour) ou Banana (*Build absolutely nothing anywhere near anybody*). Dans la mesure où toute source d'énergie présente des contraintes locales, l'intérêt général devra l'emporter sur les intérêts particuliers.

IDÉE REÇUE Nº 14

« Les distributeurs d'essence profitent des périodes de forte volatilité des prix du pétrole pour accroître leurs marges »

La pensée dominante

Les fortes baisses du prix du pétrole ne sont pas répercutées entièrement sur les prix de l'essence. Les fortes chutes des cours du baril, comme celle de 50 % au second semestre 2014, ne sont pas répercutées à la pompe. À l'inverse, lorsque les prix du pétrole augmentent, les distributeurs les répercutent rapidement et entièrement sur les prix du carburant. Ils profitent donc des fortes variations des prix de l'or noir pour réaliser des marges supplémentaires. En période de forte volatilité des cours du baril, les autorités doivent donc renforcer leur surveillance, afin que les distributeurs répercutent avec justesse ces variations sur les prix de l'essence.

Notre mise au point

À chaque forte variation des prix du pétrole, le débat sur la bonne répercussion des prix du baril sur les prix à la pompe revient dans les médias. Le sujet a pris une telle ampleur ces dernières années que le président François Hollande s'était engagé, lors de sa campagne présidentielle en 2012, à bloquer les prix de l'essence pour trois mois dès le début de son mandat. Plusieurs études ont analysé les répercussions du prix du pétrole sur ceux de l'essence. Malgré des résultats contradictoires, le recoupage de ces différents travaux nous permet de tirer des conclusions sur le comportement des distributeurs d'essence.

Le marché français de la distribution est-il concurrentiel ?

La consommation française de pétrole est de 1,7 million de barils par jour. Selon l'Union française des industries pétrolières (UFIP), la consommation de diesel continue de croître (82,8 % de la consommation en 2013), tandis que celle des super-carburants (SP 95 et SP 98) diminue (17,2 % de la consommation en 2013). En raison de ce déséquilibre en faveur du diesel, les raffineries ne produisent pas suffisamment de gazole pour le marché français, mais trop de carburants super. Ce déséquilibre pèse sur leurs marges (voir l'idée reçue n° 10). Elles sont alors contraintes d'exporter leur super et d'importer du gazole.

Le nombre de stations a été divisé par 4 en 30 ans. La densité du réseau de stations d'essence est passée de 4,44 en 1990 à 2,45 pour 100 km^2 en 2005. En 2013, on comptait 11 476 stations avec 186 fermetures entre 2012 et 2013. Sur l'ensemble, 41 % des stations sont détenues par des compagnies pétrolières, 43,3 %, par de grandes et moyennes surfaces (GMS) et 15,7 %, par des indépendants. La part de marché des GMS est en constante augmentation ces trente dernières années, avec 62 % des volumes produits contre 29,7 % pour les compagnies pétrolières et 8,3 % pour les indépendants. Le nombre de fermetures de stations-service ainsi que leur effectif plus faible comparé à l'Allemagne ou à l'Italie (respectivement 14 902 et 22 500) n'est donc pas expliqué par une plus forte concentration des acteurs, mais par une augmentation de la concurrence, comme le rappelle un rapport de l'IGF[1] (Inspection générale des finances).

Les prix hors taxes (HT) des carburants en France sont parmi les plus bas en Europe. Néanmoins, bien qu'il y ait une augmentation indéniable de la concurrence, le marché est loin d'être fortement concurrentiel. En effet, la catégorie des compagnies pétrolières-représentant 41 % des stations et 29,7 % des parts de marché – est presque essentiellement représentée par Total (77 % des stations[2]). Total possède donc 31 % de l'ensemble des stations. De plus, le groupe pétrolier est présent sur l'ensemble des activités de la chaîne de valeur[3]. Dans ce contexte, un certain nombre d'études scientifiques analysent les répercussions à la pompe des variations des prix du pétrole[4].

1 Bolliet, A. *et al.*, (2012), *Les prix, les marges et la consommation des carburants*, Rapport de l'Inspection générale des finances et du Conseil général de l'Économie, de l'Industrie, de l'Énergie et des Technologies.

2 Sous différentes appellations : Total, Elf, Elan, AS 24.

3 Le groupe est verticalement intégré, de l'amont à l'aval.

4 Voir notre publication scientifique : Boroumand, R.H., Porcher, t. et Urom, C., (2021), « Negative oil price shocks transmission : The comparative effects of the GFC, shale oil boom, and Covid-19 downturn on French gasoline prices », *Research in International Business and Finance*, vol. 58, p. 10145.

Répercussion des prix du pétrole sur les prix de l'essence : les distributeurs jouent-ils le jeu ?

Les distributeurs (notamment Total) se sont engagés auprès du gouvernement à répercuter à la pompe les variations du prix du baril de pétrole, hausses comme baisses. Naturellement, il ne serait pas raisonnable d'attendre des évolutions proportionnelles. Il est parfaitement normal-compte tenu de l'ampleur des taxes intégrées dans le prix de vente et des contraintes liées aux coûts de production et de distribution – que les évolutions du prix des carburants soient nettement plus faibles que celles des prix du brut. L'important est de vérifier que les baisses des prix du pétrole sont répercutées aussi fidèlement que les hausses.

Pour ce faire, Christine Lagarde, alors ministre de l'Économie, des Finances et de l'Industrie, a commandé un rapport à la DGCCRF (Direction générale de la concurrence, de la consommation et de la répression des fraudes). Ce rapport, présenté le 27 mai 2011, mentionnait que « la marge brute de transport-distribution des différents intervenants n'est pas demeurée stable comme cela aurait été théoriquement le cas si la répercussion des prix du brut avait été parfaite et instantanée ». Le rapport signalait aussi que cette marge avait augmenté de 3,9 ct d'euro/litre pour le SP 95-E10 et de 2,6 ct d'euro/litre pour le gazole. Sur la même période, entre le 2 et le 15 mai, le prix du pétrole était passé de 125 $ à 114 $, soit une diminution de 8,5 %.

Une marge supplémentaire de 1 ct d'euro/litre sur l'essence (gazole et super) permet de générer 1,4 million d'euros supplémentaires par jour pour les distributeurs. Les résultats de la DGCCRF laissent apparaître une marge supplémentaire de

4,1 millions d'euros par jour. Cela équivaut, sur la période d'étude de 13 jours, à plus de 50 millions d'euros. L'une des limites évoquées dans ce rapport était la nécessité de réaliser une étude sur une plus longue période, afin de confirmer ou d'infirmer ces premiers résultats.

Dans le cas des États-Unis, plusieurs articles de recherche ont examiné les asymétries entre les prix du pétrole et ceux de l'essence. La plupart des études économétriques montrent qu'il y a une réponse asymétrique dans la transmission des prix[5]. Selon ces études, lorsque le prix du pétrole diminue, les distributeurs ne répercutent pas la diminution immédiatement ou intégralement sur les prix de l'essence. *A contrario*, les hausses sont répercutées rapidement ou complètement.

Dans le cas de la France, avant le rapport de la DGCCRF, seulement une étude avait été réalisée (Audenis *et al.*, 2002[6]). Le cas français est pourtant intéressant d'un point de vue scientifique. Il ajoute un paramètre supplémentaire à prendre en compte dans la transmission des prix du pétrole Brent sur ceux de l'essence : le taux de change euro/dollar. Le fait que le pétrole soit libellé en dollars, mais acheté en euros, joue sur l'ampleur des fluctuations. Par exemple, au deuxième semestre 2014, la baisse du baril libellé en dollars a été de 50 %, mais seulement de 40 % en euros. La première étude (Audenis *et al.*) date de 2002 et utilise des données mensuelles sur la période 1980-2000. Les résultats montrent que la vitesse d'ajustement à un choc sur le prix du pétrole brut est plus rapide à la hausse qu'à la baisse.

---

5 Frey, G. et Manera, M., (2007), « Econometric models of asymmetric price transmission », *Journal of Economic Surveys*, vol. 21, n° 2, pp. 349-415.

6 Audenis, C., Biscourp, P. et Riedinger, N., (2002), « Le prix des carburants est plus sensible à une hausse qu'à une baisse du brut », *Économie et statistique*, vol. 359, n° 1, pp. 149-165.

Une autre étude (Lamotte *et al.*, 2013[7]), réalisée peu de temps après le rapport de la DGCCRF, met également en évidence une asymétrie des répercussions sur le marché français en utilisant des données hebdomadaires entre 1990 et 2011. Les auteurs montrent qu'une hausse de 1 % du prix du brut en euros implique une hausse immédiate de 0,12 % du gazole et de 0,08 % du SP 95, alors qu'une baisse de 1 % implique une baisse immédiate de 0,07 % du gazole et de 0,05 % du SP 95 (voir tableau 1). Enfin, une troisième étude réalisée par la Banque de France (Gautier et Le Saout, 2012[8]) conclut, en utilisant des données journalières entre janvier 2007 et mai 2009, qu'il n'y a pas d'asymétrie significative dans la transmission aux prix à la pompe des chocs de prix du pétrole raffiné.

En dehors des différences de données-journalières pour l'étude de Gautier et Le Saout et hebdomadaires pour les deux autres –, le choix des périodes d'analyse peut expliquer les différences entre ces résultats. Les études d'Audenis *et al.* et de Gautier et Le Saout portent sur deux périodes différentes. En revanche, l'étude de Lamotte *et al.* a une période commune avec celle de la Banque de France. Lamotte *et al.* ont recalculé les résultats pour la période 2009-2011. Les conclusions vont dans le sens de l'étude de Gautier et Le Saout, avec une perte d'asymétrie sur le SP 95, mais toujours une asymétrie, beaucoup plus faible, sur le gazole (voir le tableau 1 ci-dessous). Malgré des différences dans les résultats, on peut néanmoins conclure que les asymétries semblent diminuer dans les dernières années.

7 Lamotte, O., Porcher, T., Schalck, C. et Silvestre, S., (2013), « Asymmetric gasoline price responses in France », *Applied Economics Letters*, vol. 20, n° 4, pp. 457-461.

8 Gautier, E. et Le Saout, R., (2012), « The dynamics of gasoline prices : Evidence from daily French micro data ».

Tableau 1. Synthèse des résultats de l'étude de Lamotte *et al.*

	Choc positif* sur le Brent		Choc négatif** sur le Brent	
	1990-2011	2009-2011	1990-2011	2009-2011
Gazole : Réponse immédiate Ampleur du surajustement	0,12 % 9,03 %	0,07 % –	– 0,07 % –	– 0,03 % 0,50 %
Sans plomb 95 : Réponse immédiate Ampleur du surajustement	0,08 % 19,73 %	0,03 % 2,67 %	– 0,05 % –	– 0,02 % –

*Choc positif : hausse du prix du Brent de 1 %
**Choc négatif : baisse du prix du Brent de 1 %

Les distributeurs sont-ils devenus plus vertueux ?

Une publication scientifique de Boroumand *et al.* (2016)[9] dans la revue académique *Economic Modelling* développe une autre typologie de modèles pour étudier la volatilité du prix du pétrole et la répercussion à la pompe de ses variations, entre 1990 et 2011. Boroumand *et al.* (2016) identifient deux périodes avec des régimes de volatilité différents pour le prix du pétrole : la période 1990-2000 est marquée par une faible volatilité et la période 2000-2010, par une forte volatilité. Or, l'analyse de la répercussion des prix du pétrole sur l'essence, sur les deux périodes, révèle un changement de comportement des distributeurs. Les résultats de l'étude démontrent que les asymétries sont plus fortes

9 Boroumand, R.H., Goutte, S., Porcher, S. et Porcher, T., (2016), « Asymmetric evidence in gasoline price responses in France : a Markov switching approach », *Economic Modelling*, n° 52, pp. 467-476.

dans la période 1990-2000, marquée par une faible volatilité du pétrole, que dans la période 2000-2011, avec une forte volatilité. Les distributeurs réalisent donc des marges plus élevées lors des périodes de faible volatilité.

Ces résultats fournissent des informations essentielles sur le comportement des distributeurs. Il apparaît que ceux-ci pilotent activement leurs marges, comme le démontrent Boroumand *et al.* dans la revue scientifique *Energy Studies Review* (2015)[10]. Ils ont tendance à agir de manière stratégique en augmentant leurs marges lorsque la volatilité est moindre. Ce comportement s'explique probablement par le fait qu'en période de faibles variations des prix, les hausses pour les consommateurs sont moins perceptibles (1 ou 2 centimes en plus), alors qu'une forte variation des prix du pétrole entraînerait des variations plus fortes sur les prix à la pompe. Les consommateurs pourraient être plus sensibles aux quelques centimes qui s'ajouteraient à la hausse consécutive aux variations des cours (atteinte d'un seuil psychologique au-delà duquel les consommateurs changeraient de station). Enfin, cette étude scientifique montre, contrairement à l'idée reçue, que les asymétries sont plus fortes en période de faible volatilité. Les implications pour les autorités de concurrence sont majeures. En effet, les autorités chargées de surveiller la transmission des prix du pétrole sur l'essence se concentrent traditionnellement sur les périodes de forte volatilité.

10 Voir également l'article scientifique de Boroumand R.H., Goutte, S., Porcher, S. et Porcher, T., (2015), « A Conditional Markov Regime Switching Model to Study Margins : Application to the French Fuel Retail Markets », *Energy Studies Review*, vol. 21, n° 2.

IDÉE REÇUE N° 15

« Les pays pauvres et producteurs de pétrole ne se développent pas en raison de la corruption »

La pensée dominante

La plupart des pays riches en ressources naturelles ne parviennent pas à se développer. C'est le cas de nombreux pays pétroliers africains comme la République du Congo, le Gabon ou la Guinée équatoriale. Ce phénomène est connu sous l'appellation de « malédiction des ressources naturelles ». Il s'explique principalement par la corruption. La différence entre la production pétrolière et les recettes budgétaires a pour origine le détournement des richesses pétrolières. Le contraste entre la fortune des dirigeants et la pauvreté des populations en est la preuve. Par la mise en place d'institutions garantes d'une bonne gouvernance, ces pays se développeraient plus facilement que d'autres pays pauvres et n'auraient pas besoin de soutien financier grâce à la richesse de leur sous-sol.

Notre mise au point

La corruption constitue un fléau qu'il faut combattre dans tous les pays. Dans le cas des pays pétroliers, elle ne suffit pas à expliquer leur difficulté à se développer économiquement. L'ultraspécialisation de ces pays dans leurs ressources minières et le partage inéquitable de la rente pétrolière avec les compagnies privées sont d'autres facteurs qu'il faut prendre en compte.

Y a-t-il un lien entre production pétrolière et corruption ?

La plupart des pays en développement sont caractérisés par des failles de gouvernance en matière économique et politique. Les institutions y sont peu efficaces. Les indices de gouvernance comme les indicateurs politiques portant sur la démocratie, la liberté, les droits humains, la corruption, la transparence sont plus mauvais dans les pays en développement exportateurs de pétrole que dans les pays non exportateurs[1]. Eifert *et al.* (2003) ont classé, sur la base d'outils issus de la science politique, les pays exportateurs de pétrole en cinq catégories : démocratie mature, démocratie fractionnelle, autocratie paternaliste, autocratie réformiste et autocratie prédatrice[2] (voir le tableau 1). Ils ont montré l'influence du système politique sur l'utilisation des recettes pétrolières. De nombreux travaux académiques ont également montré que les

1 Chevalier, J.-M., (2005), « L'Afrique et le pétrole : entre la malédiction des exportations et celle des importations », *Afrique contemporaine*, n°216, pp. 57-64.

2 Eifert, B., Gelb, A. et Tallroth, N. B., (2003), « Gérer la manne pétrolière », *Finances et développement*, mars, pp. 40-44.

pays exportateurs de pétrole voyaient leurs institutions s'affaiblir sous la pression de lobbies corrupteurs désirant capter les rentes publiques[3].

Tableau 1. Classification des pays exportateurs de pétrole

Caractéristiques politiques	Implications institutionnelles	Implications économiques
Démocratie mature : – Système de partis stable – Large consensus social – Bureaucratie solide, compétente et isolée – Système judiciaire compétent et professionnel – Électorat très éduqué – Ex. : Norvège, Alaska	– Perspective à long terme – Stabilité et transparence de l'action gouvernementale – Compétitivité élevée, coûts de transaction faibles – Puissance du secteur privé / des biens échangés et des intérêts favorables à la stabilisation vis-à-vis des intérêts favorables aux dépenses	– Épargne probable – Lissage des dépenses, stabilisation – Rentes transférées aux citoyens par les services sociaux et assurances ou transferts directs de l'État

3 Collier et Hoffer (2002), Isham *et al.* (2003), Sala-i-Martin et Subramanian (2004).

Caractéristiques politiques	Implications institutionnelles	Implications économiques
Démocratie fractionnelle : – Gouvernement et partis souvent instables en raison des groupes d'intérêts – Appui politique obtenu grâce au clientélisme et au copinage – Vastes disparités sociales, manque de consensus – Bureaucratie et système judiciaire politisés – Ex. : Venezuela, Colombie	– Perspective à court terme. – Instabilité et non-transparence de l'action gouvernementale, coûts de transaction élevés – Rôle important de l'État dans la production – Solides intérêts liés directement aux dépenses publiques, faiblesse politique du secteur privé non pétrolier et des intérêts favorables à la stabilisation	– Épargne très difficile – Dépenses procycliques, instabilité – Rentes transférées aux différents intérêts et aux citoyens par les subsides, distorsions de l'action gouvernementale et emploi public
Autocratie paternaliste : – Gouvernement stable, légitimité tirée du rôle traditionnel, maintenue grâce à la distribution de rentes	– Perspective à long terme – Stabilité et non-transparence de l'action gouvernementale	– Dépenses procycliques, succès mitigé de la stabilisation

Caractéristiques politiques	**Implications institutionnelles**	**Implications économiques**
Autocratie paternaliste : – Solides éléments culturels de consensus, clientélisme, nationalisme – La bureaucratie fournit des services et des emplois publics – Ex. : Arabie Saoudite, Koweït	– Compétitivité faible, coûts de transaction élevés – Rôle important de l'État dans la production – Solides intérêts liés directement aux dépenses publiques – Faiblesse du secteur privé	– Risque de trajectoire des dépenses insoutenable à long terme débouchant sur une crise politique – Économie peu diversifiée
Autocratie réformiste : – Gouvernement stable, légitimité par le développement – Consensus social autour du développement – Appuyée par les secteurs de biens échangés non pétroliers – Technocratie isolée – Ex. : Indonésie	– Perspective à long terme – Stabilité et non-transparence de l'action gouvernementale – Recherche de la compétitivité, coûts de transaction faibles – Solide base favorable à la stabilisation et à la discipline budgétaire	– Lissage des dépenses, stabilisation – Investissement public en complément d'un secteur privé compétitif – Gestion active du taux de change pour limiter le « syndrome hollandais »

Caractéristiques politiques	Implications institutionnelles	Implications économiques
Autocratie prédatrice : – Gouvernement instable, légitimité par la force militaire – Pas de mécanisme pour dégager un consensus – La bureaucratie sert à s'emparer de rentes et à les distribuer – Système judiciaire corrompu – Peu de contrepoids au niveau des citoyens – Ex. : Congo, Nigeria	– Perspective à court terme – Instabilité et non-transparence de l'action gouvernementale – Compétitivité faible, coûts de transaction élevés – Intérêts pro-dépenses puissants par rapport aux intérêts du secteur privé et pro-stabilisation	– Pas d'épargne – Dépenses très procycliques – Consommation publique très élevée, absorption des rentes par les élites en raison de la corruption à petite échelle et du copinage, fuite de capitaux

Source : Eifert *et al.*, (2003), « Gérer la manne pétrolière », *Finances et développement*

Les pays pauvres exportateurs de pétrole sont-ils frappés par la « *Dutch disease* »[4] ?

La plupart des pays pétroliers sont mono-exportateurs. Ils dépendent très fortement de leurs recettes pétrolières. La *Dutch disease* est caractérisée par le développement du secteur pétrolier aux dépens des autres secteurs de l'économie. Le mécanisme est simple : le développement de la production pétrolière entraîne une appréciation du taux

4 La « malédiction des ressources naturelles » ou « syndrome hollandais ».

de change (par l'arrivée de devises) qui pèse sur le volume des exportations traditionnelles. Les produits à l'export deviennent plus chers, tout comme les produits domestiques (concurrencés par les importations devenues moins chères). Les entreprises des secteurs traditionnels sont alors moins compétitives.

Le champ de validité du modèle du syndrome hollandais est limité à celui pour lequel il a été élaboré : l'étude des effets d'un choc d'origine externe des recettes d'exportation d'un produit primaire sur le développement des autres exportations dans un pays développé ayant une monnaie convertible dans un système de changes flexibles, connaissant le plein-emploi. Ce modèle convient donc aux Pays-Bas ou à tout autre pays ayant un niveau de développement similaire. Il ne s'applique pas aux pays pauvres qui connaissent d'autres facteurs de retard de leurs industries[5]. Si les recettes pétrolières ou minières de ces pays sont élevées relativement aux autres exportations, c'est surtout parce que leurs autres ressources sont extrêmement faibles (machines, infrastructures, main-d'œuvre qualifiée)[6].

Les origines de la spécialisation de ces pays sont plus à chercher du côté des politiques imposées par le FMI. À travers les plans d'ajustement structurel (PAS), le FMI a « contraint » ces pays à se spécialiser dans les produits d'exportation pour lesquels ils disposaient d'un avantage comparatif. Le Fonds les a incités à confier la production pétrolière à des compagnies privées et à ouvrir leur économie. Cette politique a entraîné l'effondrement de l'agriculture locale ou de certaines branches industrielles (et

---

5 Porcher, T., (2006), *Recettes pétrolières et financement de la lutte contre la pauvreté : le cas de la République du Congo*, thèse de doctorat, Paris-1.

6 Chang, H.J., (2012), *2 ou 3 choses que l'on ne vous dit jamais sur le capitalisme*, Le Seuil, p. 162.

a augmenté la part relative des exportations de pétrole dans l'économie). L'ultraspécialisation minière est donc la conséquence de choix politiques peu judicieux, souvent imposés à ces pays.

Asymétrie d'information et partage inéquitable de la rente pétrolière

La plupart des pays pétroliers ne possèdent pas les moyens techniques et financiers pour exploiter leurs ressources pétrolières. Ils font appel à des compagnies pétrolières privées pour mettre en place un programme d'exploration et de production de leurs gisements. Les revenus de la production pétrolière sont ensuite partagés, en fonction des modalités du contrat, entre l'État détenteur du gisement et la compagnie pétrolière. L'asymétrie d'information qui caractérise le contrat entre la compagnie pétrolière et le pays producteur conduit souvent à un partage inéquitable.

Les principaux contrats patrimoniaux utilisés dans l'industrie pétrolière sont les contrats de concession[7] et les contrats de partage de production[8]. Aujourd'hui, les contrats de partage de production sont les plus communément utilisés, notamment dans les pays d'Afrique subsaharienne.

7 Dans le régime de concession, l'État cède pour une durée déterminée, qui est généralement la durée de vie d'un champ pétrolifère (20 à 30 ans), ses droits de recherche ou d'exploitation à une compagnie pétrolière. La compagnie conduit et finance l'exploration à ses propres risques. En cas de découverte, elle décide du développement et de l'exploitation dans le cadre légal du droit minier du pays et supporte toutes les dépenses. La compagnie pétrolière dispose librement, sauf disposition particulière, de la production qui lui revient en fonction de sa participation au développement.

8 Dans le régime du contrat de partage de production, l'État délègue pour une durée déterminée (elle aussi généralement équivalente à la durée de vie d'un champ) à une compagnie pétrolière ses droits de recherche et d'exploitation du sous-sol. La compagnie pétrolière conduit l'exploration à ses propres risques. En cas de découverte, elle décide du développement et de l'exploitation dans le cadre légal du droit minier du pays. Elle supporte les dépenses de développement et d'exploitation. L'État reste propriétaire des hydrocarbures. La compagnie n'agit que comme contractante et n'a le droit qu'à une partie de la production comme rémunération des risques courus et des services rendus.

Le contrat de partage de production consiste à partager la production pétrolière entre la compagnie et le pays producteur, tout en déduisant les coûts de production du gisement (exploration et exploitation). Dans la mesure où la compagnie supporte les coûts, elle doit déduire de la part de l'État la partie du coût que ce dernier aurait dû normalement prendre en charge[9]. Cette somme est généralement payée en barils d'or noir. L'État n'intervient donc pas dans l'exploration ou dans la production pétrolière. Son rôle consiste seulement à récupérer une partie de la production après déduction des coûts supportés par la compagnie[10].

Or, les modalités du partage de la production pétrolière sont établies en fonction de paramètres[11] que le pays producteur ne peut vérifier. Il ne dispose pas des moyens techniques ni du savoir-faire requis. Dans le cas du Congo, l'information dont le pays dispose, que ce soit sur le volet production ou sur le volet prix, lui est fournie par les compagnies pétrolières. Il y a donc bien asymétrie d'information entre les contractants au moment de la négociation initiale portant sur les contrats pétroliers[12]. C'est également ce que souligne un rapport de la Banque mondiale sur les revenus pétroliers du Congo : « Ni le ministère des Finances et du Budget ni le ministère des Hydrocarbures n'ont une capacité suffisante pour prévoir les volumes de production et le niveau des revenus pétroliers. Ils se fondent donc sur les données fournies par les compagnies pétrolières, en vertu des exigences

---

9 Cette partie est appelée « *cost oil* » dans les contrats pétroliers et est fixée en général à 50 % de la production.

10 Porcher, T., (2003), *Mission d'étude relative à l'analyse des ressources pétrolières et des possibilités de leur utilisation pour le financement de la lutte contre la pauvreté en République du Congo*, Délégation de l'Union européenne, République du Congo, Brazzaville, mars-mai.

11 Paramètres techniques (profondeur, production journalière ou cumulée), comptables (prix, profitabilité, surtaxe) ou financiers (rentabilité).

12 Lamotte, O. et Porcher, T., (2010), « Stratégie des compagnies pétrolières internationales et partage de la rente : le cas du Congo », *Management et avenir*, n° 42.

contractuelles. Cette dépendance des données de production des compagnies pétrolières (volumes et coûts de production estimés) rend difficile au ministère des Hydrocarbures [...] d'évaluer les propositions de développement de chaque champ faites par les compagnies[13]. »

Au manque d'informations sur la valeur de leur gisement s'ajoute un manque d'expérience pour mener des négociations complexes, pour lesquelles les multinationales sont expertes[14]. Par exemple, dans le cas du Congo, le passage du système de concession à celui du partage de production pour les champs pétroliers de l'avenant n° 4[15] signé fin 1995 a entraîné d'importants manques à gagner pour le pays. Le principe de coopération entre les compagnies pétrolières et l'État congolais n'a pas été respecté. L'application de la différence entre les deux systèmes représente un manque à gagner pour l'État de plus de 600 millions de dollars entre 1996 et 2003.

La captation de la rente informationnelle et le partage des ressources défavorable au pays hôte sont des explications complémentaires aux causes et conséquences de la malédiction des ressources naturelles.

Partage inéquitable ou corruption ?

Dans un article du *Wall Street Journal* intitulé « Des dollars pour les dictateurs »[16], Claudia Rosett critique la gestion du président de la République du Congo et les risques de

13 Banque mondiale, (2010), « République du Congo, revue des dépenses publiques, bien utiliser la richesse pétrolière pour accélérer et diversifier la croissance », p. 124.

14 Stiglitz, J., (2006), « Lever la malédiction des ressources », dans *Un autre monde*, Fayard/Livre de poche, p. 245.

15 Champs Émeraude, Likouala, YangaSendji, Tchibouela, Tchendo, Loango, Zatchi, Pointe Indienne.

16 Rosett, C., (2005), « Dollars for dictators », *Wall Street Journal*, 19 octobre.

détournements de fonds liés à la lutte contre la pauvreté. Les programmes d'aides peuvent entraîner de vastes affaires de corruption, à l'instar du programme « pétrole contre nourriture » en Irak. Pour que ces programmes ne soient pas détournés de leur objet, une surveillance des comités chargés de les mettre en œuvre est nécessaire.

Un passage de l'article révèle comment l'opacité des contrats pétroliers peut conduire à des diagnostics erronés :

« Le résultat de sa gestion est que le Congo, par ailleurs une des nations d'Afrique les plus riches en pétrole, abrite une des plus pauvres populations au monde. On évalue les exportations pétrolières du Congo à près de 4 milliards de dollars par an. Étant donné que la population du pays est de seulement 3,8 millions, il reviendrait plus de 1 000 $ par année pour chaque homme, femme et enfant au Congo. Pourtant, en tenant compte des autres industries, services et revenus du travail au Congo, les statistiques de la Banque mondiale font apparaître un revenu annuel par personne inférieur à 700 $. »

Selon C. Rosett, 300 $ par habitant disparaîtraient du fait de la corruption (différence entre le revenu revenant aux habitants du Congo et celui évalué par la Banque mondiale). Une connaissance des mécanismes du partage de la rente pétrolière (c'est-à-dire des contrats pétroliers) montre que ces 300 $/habitant se dirigent vers les comptes des compagnies pétrolières en toute légalité (voir le détail des calculs dans l'encadré). Cela ne signifie pas l'absence de corruption au Congo, mais que celle-ci porte sur une part plus réduite du « gâteau ». Certes, la corruption entrave le développement d'un pays, mais le fait qu'un pays producteur ne bénéficie pas d'une part équitable des ressources naturelles est également un frein. Il existe une littérature scientifique abondante sur l'utilisation optimale des revenus de l'or noir. Cependant, trop peu de recherches académiques examinent les modalités du partage de la rente pétrolière permettant un partage optimal ou socialement acceptable de celle-ci[17].

Encadré 1. D'où vient la perte de 300 $/habitant au Congo ?

En 2004, le Congo avait un produit intérieur brut (PIB) de 4,3 milliards de dollars, soit un produit brut par habitant de plus de 1 000 $/an (1 100 $ en prenant une population de 3,8 millions d'habitants). La moitié du PIB (2,1 milliards de dollars) provient du pétrole, qui représente également 93 % des exportations. Ces ressources sont d'abord reversées largement aux compagnies, à travers le mécanisme du « *cost oil* » (coût forfaitaire variable estimé à 50 % de la production dans le cas du Congo) (1 milliard de dollars). Le simple reversement du *cost oil* ampute donc le PIB du quart de sa valeur.

La part congolaise du PIB pétrolier (selon les modalités du partage de la rente définies dans les contrats) n'est que d'un tiers. Ainsi, sur 2,1 milliards de PIB pétrolier, la part congolaise n'est que de 700 millions de dollars. Le revenu intérieur brut n'est donc que de 2,8 milliards de dollars (revenu pétrolier + non pétrolier), bien en dessous du PIB de 4,3 milliards de dollars. Le revenu annuel par habitant est ainsi en 2004 de 760 $, soit plus proche du seuil de pauvreté. La perte de 300 $/habitant ne s'explique alors pas par la corruption, mais bien par les modalités du partage de la rente.

17 Pour aller plus loin : Abid, I., Amar, A. B., Guesmi, K. et Porcher, T, (2022), « COVID-19 and oil price shocks : the case of Republic of the Congo », *International Journal of Global Energy Issues*, vol. 44, n° 4, pp. 281-291.

Sur la part congolaise de rente pétrolière, il faut encore soustraire le service de la dette gagée sur le pétrole (258 millions $/an), dette d'ailleurs parfois liée à l'activité pétrolière. Le revenu pétrolier restant provisoirement au Congo n'est plus que de 2,6 milliards, soit 680 $ par habitant. C'est ce revenu qui est exposé à la corruption.

Spécialisation, volatilité des prix et asymétrie d'information génèrent une instabilité budgétaire

Dans la majorité des pays pauvres producteurs de pétrole, l'économie est largement dominée par le secteur pétrolier, qui représente souvent plus de 80 % des exportations. Le montant et l'évaluation future des recettes issues de l'or noir sont donc des facteurs importants pour mener des politiques d'investissement ou de développement efficaces. Or, le niveau des recettes pétrolières dépend généralement de trois facteurs exogènes au pays : le prix du pétrole, les volumes exportés et la répartition de la rente entre le pays producteur et les compagnies pétrolières.

Le niveau des prix est une donnée exogène. Il dépend des cours du baril sur les marchés internationaux. Prévoir le prix de l'or noir est un exercice complexe. Le cours du baril dépend de facteurs économiques et géopolitiques dont l'anticipation est très imparfaite. L'ampleur de la rente est donc soumise à une évolution des prix non maîtrisable par les pays pétroliers. Le retournement des prix du pétrole (comme ce fut le cas au deuxième semestre 2014, quand le prix a baissé de 50 %[18]) provoque de fortes variations sur les recettes d'exportation des pays producteurs. La vulnérabilité

18 Ce fut aussi le cas en 2001, 2006 et 2008, où le prix du pétrole avait fortement baissé.

à ce type de choc est d'autant plus forte lorsqu'il s'agit de pays en développement (n'ayant pas de stabilisateurs automatiques[19]) et très dépendants de leurs recettes pétrolières.

Le volume de la production et des exportations est également une variable exogène. À moyen terme, elle dépend des compagnies pétrolières. À long terme, c'est le progrès technique qui permet d'accroître la production. Quoi qu'il en soit, une fois le contrat de partage de production signé, les pays n'ont plus aucune influence sur les quantités extraites.

Enfin, le partage de la rente n'est pas une variable complètement endogène. Il dépend en partie des pays producteurs et de la manière dont ils vont négocier les contrats de partage. Néanmoins, une part des modalités des contrats est exogène. Elle dépend des données du prospect, établies par la compagnie. Les pays n'ont pas les moyens de vérifier la pleine exactitude de ces données.

Au bout du compte, le principal financement de ces pays leur échappe. Il dépend du prix du baril sur les marchés financiers internationaux et des compagnies pétrolières. L'imparfaite prévision des prix, combinée aux relations entre les compagnies pétrolières et le pays hôte, entraîne de nombreuses difficultés dans le cadrage des besoins financiers nécessaires à un développement économique pérenne.

Une gouvernance efficace par des institutions compétentes est certes une condition nécessaire pour une meilleure utilisation des recettes pétrolières, mais elle n'est pas suffisante pour assurer un développement économique à ces pays. D'ailleurs, les pays industrialisés ont pu se développer malgré des institutions bien moins performantes lorsqu'ils

19 Un stabilisateur automatique est un mécanisme économique ayant une activité régulatrice et anticyclique pour juguler l'impact de fluctuations conjoncturelles.

étaient à des niveaux de développement comparables aux pays africains[20]. Pour conduire au développement économique, la lutte contre la corruption doit s'accompagner de politiques adaptées aux pays exportateurs de pétrole. Ces politiques doivent leur permettre de renforcer leur expertise technique, afin de mieux négocier les contrats pétroliers. À plus long terme, l'émergence d'un secteur privé capable de se substituer aux compagnies étrangères est souhaitable. Enfin, la mise en place de politiques contracycliques est impérative pour soutenir l'économie en période de diminution des recettes pétrolières.

20 Chang, H.-J., (2002), *Kickingaway the ladder*, Anthem Press, chap. 3.

IDÉE REÇUE Nº 16

« L'Europe bénéficie d'une excellente sécurité d'approvisionnement électrique »

La pensée dominante

La problématique de la sécurité d'approvisionnement en Europe est légitimement centrée sur la question gazière, en raison des tensions récurrentes entre la Russie et l'Ukraine. La sécurité d'approvisionnement électrique, quant à elle, est pleinement garantie. Le marché de l'électricité ne présente aucun signe de fragilité. L'Europe dispose de capacités de production suffisantes et performantes pour assurer à long terme la sécurité d'alimentation de son système électrique. Le risque pour les citoyens de subir une pénurie d'électricité (« black-out ») est insignifiant. Le système électrique ne présente aucun risque de défaillance de l'offre. Les dysfonctionnements ayant entraîné un déséquilibre entre l'offre et la demande ne sont pas le signe de failles structurelles du système, mais de pics ponctuels de consommation d'électricité. Aucun « effet domino » n'est à craindre à l'échelle européenne.

Notre mise au point

La montée en puissance du gaz de schiste aux États-Unis a pour effet collatéral la fermeture de centrales à gaz en Europe. Sans mise en place d'un « mécanisme de capacités », la sécurité d'approvisionnement électrique est menacée.

La notion de sécurité d'approvisionnement

La sécurité d'approvisionnement d'un système énergétique se définit comme l'aptitude de ce système à acheminer durablement de l'énergie de manière effective et en temps utile aux consommateurs. La notion de sécurité d'approvisionnement implique la satisfaction de façon continue de la demande d'énergie, pour servir les besoins publics comme privés. On distingue la sécurité d'approvisionnement à court terme (la fiabilité opérationnelle) et celle à long terme. Ces notions diffèrent de celle d'indépendance énergétique ou de souveraineté.

La notion de « sécurité d'approvisionnement » intègre deux dimensions. La première dimension est géopolitique. Elle recouvre la stabilité politique et la stratégie énergétique des pays pétro-gaziers, l'épuisement des ressources fossiles... Or, l'Union européenne (UE) ne dispose pas de marge de manœuvre sur les prix mondiaux des énergies fossiles. La seconde dimension est interne. Elle concerne les moyens de production de l'électricité, l'adéquation des infrastructures de réseaux (transport et distribution) et la structure du marché. La sécurité d'approvisionnement d'un système électrique est cruciale puisqu'il faut équilibrer en permanence l'offre et la demande d'électricité. Les difficultés de l'hiver 2016-1017 en France ont alerté l'opinion publique sur le risque de pénurie d'électricité en cas de moyens de production insuffisants lors d'une vague de froid.

La sécurité d'approvisionnement électrique est évaluée à travers l'adéquation des capacités de production d'électricité en Europe. Deux facteurs rendent pertinent le choix de cet angle d'analyse, alors que l'électricité occupe une place croissante dans l'économie européenne du fait de l'électrification des usages. D'une part, les questions de sécurité en matière d'importations gazière et pétrolière ont déjà été amplement traitées. D'autre part, l'Europe maîtrise les leviers de la sécurité d'approvisionnement électrique, dans la mesure où l'électricité est produite sur le continent.

La fermeture de centrales électriques affaiblit la sécurité d'approvisionnement

Le paquet énergie-climat de l'UE voté en 2008 impose 20 % d'énergies renouvelables (EnR) dans le bouquet énergétique européen. Bien qu'accroître la part des EnR soit fondé et indispensable, l'objectif de 20 % entraîne des dysfonctionnements qui fragilisent la sécurité d'approvisionnement électrique. Pour mémoire, le système électrique repose sur un principe d'« ordre de mérite économique » (voir idée reçue n° 6). Les centrales de production d'électricité sont appelées selon un principe de coût marginal croissant (de la moins chère à la plus chère). Or, les coûts variables de l'éolien et du solaire photovoltaïque (qui sont des énergies de flux[1]) sont quasi nuls.

---

1 *A contrario*, les énergies de stock ne se renouvellent pas, une fois le stock épuisé (charbon, pétrole, gaz).

Dans l'ordre de mérite, ces centrales sont donc appelées en priorité pour satisfaire la demande d'électricité. En apparence, cette situation semble conforme aux objectifs impératifs de lutte contre le réchauffement climatique. Elle aboutit pourtant à une situation absurde, en raison d'un phénomène majeur non anticipé : l'effet collatéral sur le système électrique européen du boom américain du gaz de schiste.

La révolution américaine du gaz de schiste a entraîné outre-Atlantique un remplacement du charbon par le gaz pour la production d'électricité. Cette substitution a entraîné une exportation à grande échelle de charbon américain à bas coût vers l'Europe (en particulier vers l'Allemagne). L'importation massive de charbon rend les centrales à charbon plus compétitives sur le plan des prix que les centrales à gaz pour la production d'électricité. La compétitivité-prix du charbon est d'autant plus élevée que polluer ne coûte pas assez cher, du fait du prix insuffisamment élevé de la tonne de CO_2. En effet, l'incitation financière pour les producteurs d'électricité à réduire leur empreinte carbone n'est pas assez forte. La Deutsche Bank[2] évalue à 370 millions de tonnes le surplus d'émissions de CO_2 entre 2011 et 2020 consécutif à l'arrêt du nucléaire en Allemagne.

En conséquence, 52 GW de capacités de production d'électricité quasi neuves ont dû être fermées ou mises sous cocon[3], alors qu'elles contribuent à l'équilibre offre-demande à moyen terme (3 à 5 ans)[4]. Concrètement, ces fermetures correspondent à la somme des capacités de production d'électricité de la Belgique, de la République tchèque et du Portugal.

---

2 Deutsche Bank, (2011), *EU Emissions : As You Were*, Commodities Special Report, 21 juin.

3 La mise sous cocon correspond à la mise en veille prolongée d'une capacité de production.

4 À l'échelle européenne, l'énergéticien français Engie et l'allemand E. ON ont respectivement fermé l'équivalent en puissance de 5 et de 6 fois la capacité de la centrale nucléaire française de Fessenheim.

Ces fermetures sont dommageables pour la sécurité d'alimentation du système électrique européen. Selon une étude menée en 2013 par le cabinet de conseil Capgemini, le risque est de devoir fermer 130 GW[5] (sur un parc électrique total de 970 GW, soit près de 14 % du parc), alors même que le gaz est une énergie deux fois moins polluante que le charbon. Pour être rentables, les centrales à gaz doivent fonctionner environ 5 000 heures par an. En moyenne, ces centrales produisent de l'électricité 30 à 40 % du temps, ce qui détruit leur rentabilité. La puissance des centrales à gaz à cycle combiné peut passer de 0 à 430 MW en 1 h 15. Elles peuvent ainsi répondre rapidement aux pics de consommation d'électricité et remédier à l'intermittence de l'éolien et du solaire photovoltaïque en constituant un moindre mal que le charbon. Cette flexibilité opérationnelle constitue un atout pour une industrie où la demande et les prix de gros sont horaires.

Ces fermetures fragilisent la situation financière des énergéticiens européens[6], déjà confrontés à un endettement record.

Le « mécanisme de capacités », un outil efficace pour assurer la sécurité d'approvisionnement

En l'absence de technologie mature de stockage massif de l'électricité, il faut maintenir des moyens de production pilotables en service pour garantir l'approvisionnement

5 Capgemini, 15th European Energy Markets Observatory, 2013.

6 Voir l'interview de R.H. Boroumand pour l'agence Reuters : <https://www.reuters.com/article/vattenfall-earnings/update-3-vattenfall-writes-down-4-6-bln-in-ailing-energy-market-idINL6N0FT0OZ20130723/>. Les énergéticiens européens sont dans le rouge. En février 2014, Engie a annoncé 14,9 milliards d'euros de dépréciation d'actifs, principalement sur des centrales électriques thermiques et des capacités de stockage de gaz en Europe. La perte nette de l'énergéticien français est de 9,3 milliards d'euros au titre de 2013. Le Suédois Vattenfall a aussi dû déprécier de plusieurs milliards d'euros la valeur comptable de ses actifs en 2013.

électrique. S'il est primordial de développer rapidement les EnR, il faut admettre que la variabilité (et la moindre prédictibilité) de ces sources de production complexifie la gestion globale du système électrique européen. La pénurie d'électricité dite « de pointe »[7] menace même le système énergétique français. Un rapport[8] publié par RTE (Réseau de transport d'électricité, responsable des lignes à haute et très haute tension) en septembre 2014 alerte sur une menace de pénurie d'électricité liée à une réduction des marges de sûreté. Quelque 2 000 MW d'électricité pourraient manquer, l'équivalent de deux réacteurs nucléaires (soit environ la consommation cumulée de Marseille et Lyon). Certes, la France exporte de l'électricité de « base », mais elle importe de l'électricité de « pointe » à un coût plus élevé.

Pour éviter une pénurie d'électricité (un *black-out*), l'UE doit, à l'instar de la France, compléter l'organisation du marché de l'électricité. La sécurité de fourniture électrique est un « service public » qui doit faire l'objet d'une rémunération pour les producteurs d'électricité afin d'éviter toute tentation de sous-investissement. Un mécanisme appelé « mécanisme de capacités » à l'échelle européenne permet de valoriser la sécurité de fourniture. Un tel mécanisme consiste à rémunérer les producteurs d'électricité (*via* des primes) pour la mise à disposition de capacités de production. Il s'agit de rémunérer la contribution à la sécurité d'approvisionnement lors des pics de demande, en attribuant un prix à la valeur d'un MW supplémentaire de sécurité d'approvisionnement.

Les producteurs seront ainsi incités financièrement à maintenir en fonctionnement leurs centrales, même si celles-ci

7 La demande de pointe correspond aux pointes journalières (les heures de début de soirée en semaine, 18 heures-20 heures) et les pointes saisonnières (été chaud avec usage de la climatisation et hiver rigoureux avec usage du chauffage électrique).

8 « Bilan prévisionnel de l'équilibre offre-demande d'électricité ».

ne produisent de l'électricité que quelques jours par an. La rémunération des capacités permettra de planifier les investissements et de parvenir à une gestion commune de l'équilibre offre-demande au niveau européen tout en poursuivant le déploiement des renouvelables. L'UE doit engager une politique volontariste et concertée avant d'être confrontée à une pénurie d'électricité. La France et l'Allemagne, qui pèsent dans la production et la consommation d'électricité en Europe, ont une responsabilité à assumer pour éviter un risque systémique. En effet, le marché électrique européen est très interconnecté. Tout déséquilibre local entre l'offre et la demande peut s'étendre à plusieurs pays reliés entre eux par des interconnexions (effet « domino »). Ce risque est bien réel, en témoigne le *black-out* allemand de novembre 2006. La sécurité d'approvisionnement en Europe ne doit donc pas se limiter à la problématique de l'approvisionnement gazier, même si celui-ci a des impacts évidents sur le marché de l'électricité.

IDÉE REÇUE N° 17

« Grâce à l'accroissement des réserves de pétrole, nous n'avons pas besoin de changer notre mode de vie »

La pensée dominante

Le développement du pétrole de schiste constitue une véritable révolution. Il a permis aux États-Unis de devenir le premier producteur mondial d'or noir, devant l'Arabie Saoudite. Grâce au progrès technique, les compagnies sont capables d'extraire du pétrole dans des zones hors de leur portée il y a encore quelques années (les pétroles de schiste, les sables bitumineux ou les pétroles lourds et extralourds). Beaucoup de réserves n'ont pas encore été exploitées. C'est le cas d'une grande partie des réserves de pétrole de schiste en dehors des États-Unis. Or, selon les estimations de l'Energy Information Administration, il y aurait 4,7 milliards de barils en France, 3,3 milliards en Pologne, et 32 milliards en Chine. Grâce au progrès technique, les réserves ont augmenté de 26,3 % entre 2002 et 2012. Le ratio des réserves sur production est passé de 31 ans en 1973 à 52 ans en 2012[1], alors que la consommation

1 BP, (2013).

produire. Ainsi, les réserves du Koweït sont restées affichées à 94 milliards de barils entre 1991 et 2002, en dépit d'une production de 2 millions de barils par jour et de l'absence de découvertes importantes pendant cette période[4].

Les chiffres des réserves publiés par les pays producteurs ou les compagnies pétrolières doivent donc être considérés avec prudence. Parfois, ils sont identiques pendant plus de 10 ans. Dans d'autres cas, ils augmentent fortement sans justification. Ils sont rarement revus à la baisse. Indéniablement, l'importance (virtuelle) des réserves renforce l'influence géopolitique d'un pays et le poids financier d'une compagnie pétrolière. Dans le cas de petits pays pétroliers-où l'opérateur historique est une compagnie pétrolière étrangère –, l'information n'est pas plus transparente. Souvent, les chiffres avancés pour un même pays sont différents en fonction de la source (compagnies pétrolières exploitantes *versus* ministère des Hydrocarbures). Dans ces conditions, toutes les prévisions sur la fin des réserves de pétrole sont certes légitimes, mais restent très périlleuses. Ainsi, après le premier choc pétrolier, BP avait annoncé que le *peak oil* aurait lieu en 1985. En 2011, le « *chief economist* » de l'AIE déclare dans l'émission *Oil Crunch* que le *peak oil* a été atteint en 2006. Certains sont moins pessimistes, comme P. Jackson du CERA, qui affirme que la production continuera à croître jusqu'en 2030. Il affirme que la notion même de *peak oil* est discutable[5]. Ces divergences entre optimistes et pessimistes favorisent le *statu quo* pour les politiques comme pour les citoyens et laissent penser que le *peak oil* est un mythe.

---

4 Kergueris, J. et Saunier, C., (2005), *La hausse du prix du pétrole : une fatalité ou le retour du politique*, Rapport d'information n° 105 (2005-2006), Sénat.

5 Jackson, P., (2006), « Why the Peak Oil Theory falls down: myths, legends, and the future of oil resources », CERA (Cambridge Energy Research Associates).

Le marché nous signale-t-il un problème de réserves ?

Un progrès technique permettant d'extraire de nouveaux types de pétrole ou de creuser plus profond, accompagné d'une élévation du prix du brut, est de nature à accroître le montant des réserves prouvées. Le progrès technique permet à des réserves considérées comme probables de devenir prouvées. Il est dès lors possible de parler d'une « reproductibilité économique » du brut, malgré son épuisement sur le plan physique[6]. Il y aura par exemple « reproduction économique » du pétrole brut (à l'échelle mondiale) si l'accroissement des réserves prouvées de brut au cours de l'année est supérieur au prélèvement effectué sur le stock sous forme de production. Le pétrole n'apparaît donc pas comme une ressource non renouvelable d'un point de vue économique, si les découvertes réalisées chaque année sont notablement supérieures à la production mondiale. Il sera, en revanche, non renouvelable si, au cours de la période, la production est supérieure à l'accroissement du volume des réserves prouvées.

Si la reproduction économique d'une ressource énergétique (bien que physiquement non renouvelable) est assurée, alors elle peut être considérée comme une marchandise standard. Sur un marché parfaitement concurrentiel, le prix d'une ressource converge théoriquement vers le coût marginal (le coût d'extraction de la dernière unité produite). Dès lors que cette reproduction économique n'est plus vérifiée, la ressource s'épuise. La production est nécessairement amenée à diminuer : le *peak oil* est atteint. Le prix de cette ressource va alors intégrer une dimension temporelle et être supérieur au coût marginal.

---

6 Percebois, J., (1989), *Économie de l'énergie*, Economica, pp. 173-182.

En effet, puisque produire aujourd'hui implique de produire moins demain, le prix de la ressource doit tenir compte du coût d'opportunité supporté par le producteur (ou la collectivité) dont la ressource s'épuise. Dans le cas du pétrole, c'est parce que la demande cumulée dans le temps excède le stock économiquement récupérable que le prix de la ressource doit être supérieur à son coût de production. Si, à un prix donné suffisant pour couvrir les coûts d'extraction, la demande cumulée était inférieure au montant des réserves, il n'y aurait pas lieu d'introduire un tel coût d'opportunité. Le coût d'opportunité mesure donc le « sacrifice » subi par le producteur dont la ressource s'épuise. Pour un producteur qui cherche à maximiser la valeur actualisée de ses profits, c'est un coût qui s'ajoute au coût d'extraction. Ce coût supplémentaire est intégré dans le prix de vente par le producteur. Il s'apparente donc à une rente de rareté, appelée rente d'Hotelling (du nom de l'économiste l'ayant étudiée dans un article de 1931)[7]. La ressource (le pétrole enfoui) étant assimilée à un actif comme un autre, cette rente de rareté doit croître à un taux égal au taux d'intérêt réel. L'augmentation de la rente de rareté devient donc un facteur explicatif complémentaire de l'évolution du prix du pétrole.

L'incertitude inhérente au niveau réel des réserves (notamment celles des pays de l'OPEP, 75 % des réserves prouvées) rend difficile l'évaluation précise de la rente de rareté dans l'explication de cette hausse. De nombreux articles scientifiques montrent que la hausse des prix du pétrole (depuis 2004) est expliquée par les fondamentaux ; en l'occurrence, la croissance de la demande des pays émergents.

---

7 Percebois, J., (1989), *Économie de l'énergie*, Economica.

L'urgence du réchauffement climatique

S'il est difficile d'attribuer une date au *peak oil*, il existe néanmoins un consensus sur son existence, compte tenu de la dimension non renouvelable du pétrole. Les débats entre optimistes et pessimistes autour de cette date n'ont pas incité les décideurs politiques à prendre au sérieux cette menace et à mettre en place des politiques appropriées pour réduire notre dépendance à l'or noir. En réalité, la question de la date d'épuisement des réserves n'est plus d'actualité. L'enjeu dépasse l'évolution des réserves par rapport à celle de la production. La problématique n'est plus de connaître le volume de nos réserves prouvées, mais plutôt de savoir combien nous allons pouvoir en consommer au regard du réchauffement climatique. Dans le *World Energy Outlook* (2012), l'AIE affirme que la consommation mondiale d'ici 2050 ne devra pas représenter plus d'un tiers des réserves prouvées pour ne pas dépasser une hausse de 2 °C de la température mondiale moyenne d'ici la fin du siècle. Dès lors, les questions concernant l'épuisement des réserves ou le prix du baril devraient être soumises à l'urgence du réchauffement climatique. Les rapports du GIEC (Groupe d'experts intergouvernemental sur l'évolution du climat) sont chaque année plus alarmants. Nos comportements doivent impérativement changer, même si la planète dispose de plusieurs décennies de réserves pétrolières. Il ne reste que quelques années pour sauver le climat.

IDÉE REÇUE N° 18

« La hausse de la fiscalité sur les carburants ne réduira pas la consommation d'essence »

La pensée dominante

L'augmentation de la fiscalité sur les prix du carburant ne réduira pas la consommation d'essence. Pour la majorité des Français, ces dépenses sont contraintes. En effet, les ménages ruraux sont souvent très dépendants de leur voiture pour les trajets domicile-travail. Ils ne bénéficient pas d'une offre de transports en commun de substitution. Dans ce contexte, une augmentation de la fiscalité n'a pas d'impact sur la consommation de carburants. Elle a pour seul effet d'accroître les dépenses dans le poste carburant au détriment d'autres dépenses. Une telle fiscalité est donc inefficace et profondément injuste, car elle ne permet pas de modifier le comportement du consommateur. Elle compromet la capacité des ménages les plus modestes à faire face aux dépenses de la vie courante (alimentation, logement…).

Notre mise au point

À court terme, une hausse de la fiscalité n'a effectivement que peu d'impact sur la consommation de carburants. À long terme, les effets sont plus significatifs, ce qui confirme l'efficacité du signal-prix. Dans la mesure où la fiscalité de l'essence est régressive, toute augmentation est fondamentalement injuste. Néanmoins, l'urgence du réchauffement climatique implique la réduction de la consommation de carburant. Dans cette perspective, la création d'une assiette complémentaire permettant d'intégrer de la progressivité dans la fiscalité des carburants s'avère nécessaire.

Une fiscalité des carburants fondamentalement injuste

Le poids de la fiscalité dans les prix à la pompe varie selon les pays. Les pays importateurs de pétrole, à l'instar des pays européens, taxent généralement très lourdement l'essence pour en limiter la consommation. D'autres pays, notamment les États-Unis, où l'utilisation de la voiture individuelle est fortement ancrée, appliquent une taxation plus faible de l'essence. Enfin, la majorité des gros pays producteurs de pétrole (et certains pays émergents comme l'Inde) subventionnent les prix de l'essence. En fonction de la fiscalité appliquée, le carburant représente un coût plus ou moins élevé pour les automobilistes. Il est également une source de recettes fiscales lorsqu'il est taxé.

En France, le prix d'un carburant est composé du prix du produit raffiné (essence ou gazole), de la marge de distribution, d'une taxe additionnelle fixe (la TICPE[1]) et d'une taxe

1 TICPE : Taxe intérieure de consommation sur les produits énergétiques.

proportionnelle (la TVA sur le produit et sur la TICPE). La différence de prix entre l'essence et le gazole provient d'un écart de 10 ct/l entre les TICPE. En 2016, l'ensemble des taxes représentait plus de la moitié du prix des carburants. La TICPE est la quatrième source de revenus de l'État, derrière la TVA, l'impôt sur le revenu et l'impôt sur les sociétés.

La TICPE et la TVA sont des impôts indirects sur la consommation, payés lors de l'achat de carburants. La fiscalité pétrolière actuelle ne tient donc pas compte de la situation du consommateur. Quels que soient le véhicule, la zone d'habitation (centre-ville, banlieue, rurale, possibilité de transports collectifs) ou le type d'utilisation du véhicule (trajet domicile-travail, loisirs…), la fiscalité pétrolière est constante. Cette dernière pèse davantage sur les ménages modestes que sur les ménages aisés. En effet, les premiers y consacrent une part beaucoup plus large de leur revenu. Concernant la TVA, un rapport du Conseil économique, social et environnemental stipule que les 10 % les plus modestes consacrent 8,1 % de leurs revenus au paiement de la TVA, contre 3,4 % pour les 10 % les plus riches[2]. La fiscalité des carburants est donc régressive, puisque la pression fiscale diminue au fur et à mesure que les revenus s'élèvent.

La fiscalité des carburants peut être perçue comme doublement injuste, car elle ne prend pas en compte les possibilités de choix offertes aux personnes. En fonction de leurs zones d'habitation, tous les citoyens n'ont pas le choix entre l'utilisation de leur voiture ou les transports en commun. Une étude de Boroumand *et al.* (2017) sur la mobilité des Français par département sur l'ensemble du territoire montre qu'à Paris, le taux d'utilisation d'une voiture particulière pour le

2 Rapport du Conseil économique et social, (2005), *Prélèvements obligatoire : compréhension, efficacité économique et justice sociale.*

trajet domicile-travail est de 13 %, contre presque 79 % pour des individus travaillant dans les Alpes-de-Haute-Provence, la Creuse ou la Meuse[3].

Cet écart ne s'explique pas par le goût plus prononcé des Parisiens pour les transports, en commun mais par la densité du réseau francilien. Les ménages ont donc, en fonction de leurs revenus et de leur lieu de résidence, une capacité de modulation de leur consommation de carburant différente.

Quelle est l'élasticité-prix du carburant en fonction du revenu et du lieu de résidence ?

Un article scientifique de N. Ruiz et A. Trannoy[4] calcule le taux d'effort (rapport entre la dépense et le revenu) par décile pour le paiement de la TICPE. Les résultats montrent que le taux d'effort est près de trois fois plus élevé pour le décile le plus pauvre par rapport au décile le plus riche. Cela confirme qu'un relèvement de la TICPE pénaliserait davantage les ménages modestes.

Un autre article scientifique, de L. Calvet et F. Marical[5], révèle que toutes les catégories de ménages adaptent leur consommation de carburant en fonction des prix. L'étude s'appuie sur l'enquête « budget de famille » de l'INSEE réalisée sur un échantillon de 51 199 ménages entre 1985 et 2006. Les auteurs montrent qu'une hausse de 1 % du prix entraîne

3 Boroumand, R.H., Goutte, S., Péran, T. et Porcher, T., (2019), « Worker Mobility and the Purchase of Low CO_2 Emission Vehicles in France: a datamining approach », *The European Journal of Comparative Economics.*

4 Ruiz, N. et Trannoy, A., (2008), « Le caractère régressif des taxes indirectes : les enseignements d'un modèle de microsimulation », *Économie et statistique*, vol. 413, n° 1, pp. 21-46.

5 Calvet, L. et Marical, F., (2011), « Consommation de carburant : effets des prix à court et à long terme par type de population », *Économie et statistique*, vol. 446, n° 1, pp. 25-44.

à court terme une baisse très légère de la consommation de carburant, de l'ordre de 0,25 % à 0,35 %. À long terme, la diminution est plus forte, de l'ordre de 0,6 % à 0,7 %. Les ménages qui ajustent le moins leur consommation (élasticité-prix la plus faible) sont les ménages ruraux et ceux qui utilisent leur véhicule pour les déplacements domicile-travail.

L'augmentation de la fiscalité des carburants conduit donc à une réduction de la consommation. Certes, le signal-prix est plus efficace à long terme qu'à court terme. Cette différence vient du fait que la baisse de la consommation s'explique principalement par le changement de véhicule. À court terme, face à une augmentation des prix du carburant, le consommateur n'a comme levier que l'adoption d'une conduite plus économe, ce qui limite très fortement la marge de manœuvre. À long terme, lors du renouvellement de la voiture, le consommateur va opter pour un modèle plus économe en carburant. Une augmentation des prix de l'essence-que ce soit *via* la fiscalité ou la hausse du prix du pétrole – a donc un impact sur le comportement du consommateur, tant dans sa façon de conduire que dans le choix de son modèle de véhicule.

Une augmentation des prix de l'essence exige un effort plus important des ménages modestes. Elle est subie par les habitants des zones rurales, qui dépendent de leur voiture pour les trajets domicile-travail et ne disposent pas d'une offre de transport de substitution[6]. Pour les ménages ruraux à revenus modestes, la contrainte est d'autant plus forte. L'efficience du signal-prix à long terme confirme le caractère dissuasif d'une hausse de la fiscalité des carburants.

---

6 Pour aller plus loin, voir : Boroumand, R. H., Goutte, S., Péran, T. et Porcher, T., (2019), « Worker mobility and the purchase of low CO2 emission vehicles in France: a datamining approach », *The European Journal of Comparative Economics*.

Cependant, compte tenu de la faible capacité d'adaptation des consommateurs à court terme et de l'inégalité des taux d'efforts en fonction des déciles de revenu, les tentatives de hausse des taxes pourraient rencontrer une forte opposition. Elles vont pourtant devoir s'imposer pour atténuer la différence entre la taxation du diesel et celle de l'essence. Elle est injustifiée, autant au regard des coûts externes des différents carburants[7] que d'un point de vue économique (le gazole HT étant plus cher que le SP), et surtout parce que la baisse de la consommation de carburant est un levier essentiel pour lutter contre le réchauffement climatique. L'enjeu est d'augmenter la fiscalité pour inciter les consommateurs à changer de comportement, tout en essayant de la rendre plus juste (c'est-à-dire plus progressive) et supportable pour les ménages les plus modestes.

Rendre la fiscalité des carburants plus progressive tout en incitant les consommateurs à réduire leur consommation d'énergie

La complexité du débat sur la fiscalité des carburants est inhérente à ses dimensions sociale et régionale. D'une part, les ménages les plus aisés sont moins touchés que les ménages modestes par les taxes sur les carburants. D'autre part, les élasticités-prix des ménages ruraux sont plus faibles que celles des ménages urbains. Pour une orientation fiscale plus juste, il faut concevoir une fiscalité plus progressive, afin de réduire les inégalités. La modification des comportements doit s'appuyer sur des objectifs économiques, mais

7 De Perthuis, C., (2013), « Communiqué du 18 avril 2013 », Comité pour la fiscalité écologique.

également environnementaux. Dans une étude, T. Porcher, T. Peran et S. Silvestre avaient fait des propositions de réforme de la fiscalité des carburants, quelques-unes d'entre elles sont reprises ci-dessous[8].

Dans un premier temps, il faudrait supprimer l'avantage fiscal dont bénéficie le gazole, carburant à la fois plus nocif pour la santé et en déficit de production en France (environ 50 % de la consommation est importée, alors que les raffineries françaises produisent trop d'essence SP). Une hausse de la TICPE sur le gazole jusqu'au niveau de celle du SP soulève des problèmes d'acceptabilité, dans la mesure où les consommateurs ont été incités à acheter des voitures diesel pendant plusieurs décennies. À l'inverse, une diminution de la TICPE engendrerait une baisse des rentrées fiscales pour l'État et enverrait un mauvais signal au consommateur, ce qui pourrait provoquer des effets rebonds. Il serait donc plus judicieux de faire un rapprochement entre les deux TICPE en fixant un montant de 0,5 ct/l pour les deux carburants. Une hausse de la fiscalité du diesel pourrait être réalisée rapidement, compte tenu du niveau bas des prix du pétrole. La baisse des prix du SP n'est possible que si une assiette complémentaire incite à l'achat de voitures à petite motorisation (proposées souvent en moteur à essence), pour atténuer les effets rebonds. Ce rééquilibrage se traduirait par un gain fiscal pour l'État et les collectivités territoriales.

Dans un second temps, on suppose que plus le taux d'utilisation de la voiture est faible, plus il y a d'infrastructures de transport disponibles (et inversement). La mise en place d'une redevance complémentaire pourrait alors réduire la dégressivité de la fiscalité pétrolière et encourager l'usage de

8 Porcher, T., Peran, T. et Silvestre, S., (2012), « Proposition de réforme de la fiscalité des carburants », *PSB Research Lab.*

transports collectifs, là où cela est possible (et celui de véhicules moins polluants ailleurs). Pour cela, elle devra incorporer une double dimension. Une part dite « géographique », qui pourrait être définie à l'échelle du département, en fonction du taux d'utilisation des véhicules particuliers pour aller travailler. Une part dite de « puissance fiscale »-sans distinction de carburant –, avec un barème progressif en fonction des catégories fiscales de puissances (voir tableau 1). Ainsi, les deux tiers des véhicules seraient taxés à moins de 10 euros/an. À l'inverse, les véhicules de plus de 7 CV seraient imposés entre 100 et 160 euros/an. Ce choix est parfaitement assumé, il a pour but d'orienter les conducteurs vers des petits modèles, à l'instar du rôle joué par la vignette.

Dans un article scientifique, J.-C. Hourcade et F. Gursdorf[9] ont montré l'influence de la vignette sur le choix des modèles de voitures. En 1992, alors que la vignette était utilisée en France, les Allemands achetaient deux fois plus de voitures à forte cylindrée et près de deux fois moins de petites voitures que les Français. L'étude du CIRED-CNRS (Centre international de recherche sur l'environnement et le développement) révèle également qu'à partir de 2000 (date d'arrêt de la vignette), la part des voitures avec un moteur inférieur à 7 CV dans les immatriculations françaises annuelles diminue.

Cette redevance a donc pour objectif d'instaurer de la progressivité dans la fiscalité des carburants, en prenant en compte le lieu d'habitation, mais également la puissance du véhicule. Un Parisien ayant un accès au transport, mais qui achète une voiture à forte cylindrée, sera le plus taxé (200 euros/an). Un individu en milieu rural et roulant avec un petit moteur devra payer une redevance de 15 euros/an.

9 Gusdorf, F. et Hourcade, J.-C., (2005), « Quelques leçons à tirer de la vie et de la mort d'un bel impôt : la vignette », working paper, CIRED.

Tableau 1. Les barèmes de la redevance

La part géographique	
Barème de la part géographique	
Taux d'utilisation de la voiture pour les déplacements domicile-travail (%)	**Barème (euros/an)**
[14 ; 50]	40
[50 ; 75]	25
[75 ; 80]	15

La part puissance fiscale	
Barème de la part puissance fiscale	
Puissance du véhicule	**Barème (euros/an)**
1 à 4 CV	0
5 à 6 CV	10
7 à 8 CV	100
9 à 11 CV	135
12 CV et plus	160
non spécifié	50

Source : T. Porcher, T. Peran et S. Silvestre, PSB Research Lab (données : ministère de l'Écologie, du Développement durable et de l'Énergie)

La hausse de la fiscalité a un impact sur la consommation de carburants. Elle constitue un dispositif de lutte contre le réchauffement climatique. Néanmoins, cette fiscalité est régressive et par conséquent injuste. Une réforme de la fiscalité des carburants sur le principe du pollueur-payeur est nécessaire. Cela correspondrait à une taxation plus élevée pour ceux qui disposent d'une offre de transports, mais choisissent des voitures à forte cylindrée. Une telle réforme augmenterait les recettes fiscales. Ces dernières pourraient être réinvesties dans le développement des transports collectifs, afin de faciliter l'acceptation de la réforme dans un contexte de « ras-le-bol fiscal » des ménages.

IDÉE REÇUE N° 19

« Les mécanismes de soutien suffisent au développement des énergies renouvelables »

La pensée dominante

Les énergies renouvelables sont moins compétitives que les énergies dites « traditionnelles » (pétrole, gaz, charbon ou nucléaire). Pour encourager leur développement, les gouvernements doivent instaurer des mécanismes de soutien via *un prix ou un volume d'achat garanti. De tels mécanismes incitent à la production d'électricité à partir de renouvelables et à l'investissement. Ils encouragent le déploiement des différentes filières. À long terme, la part des renouvelables dans le bilan énergétique mondial devrait augmenter au détriment des énergies traditionnelles. Les mécanismes de soutien suffisent donc à la domination progressive des énergies « vertes ».*

Notre mise au point

Les mécanismes de soutien aux énergies renouvelables sont nécessaires, mais non suffisants à une forte montée en puissance de ces énergies. Les politiques de soutien appuient la pénétration des renouvelables dans le système énergétique, mais ne permettent pas de lever un certain nombre de blocages qui entravent le déploiement à grande échelle de ces énergies.

Panorama énergétique mondial : les chiffres clés

Le pétrole, le gaz et le charbon représentent environ 80 % du bilan énergétique mondial, alors que les énergies renouvelables ne représentent qu'environ 11 % (et 2,6 % hors biomasse). La majorité de la consommation d'énergie est donc d'origine fossile, avec une part de 30 % pour le pétrole (voir l'idée reçue n° 17). Pour la production d'électricité, 67 % est d'origine thermique (charbon, pétrole et gaz), 13 % nucléaire et 20 % d'origine renouvelable (principalement de l'hydraulique)[1].

Le bilan énergétique de la France est très différent, avec 42 % de nucléaire, 30 % de pétrole, 14 % de gaz, 4 % de charbon et environ 10 % d'énergies renouvelables. L'électricité française est produite à 75 % à partir de l'énergie nucléaire et à 20 % à partir d'EnR (hydraulique inclus). Le système électrique français est donc le plus nucléarisé au monde.

Un bref tour d'horizon mondial des énergies renouvelables révèle l'existence de multiples filières, avec des niveaux d'exploitation différents.

1 AIE, (2014), *World Energy Outlook.*

L'énergie hydraulique permet de produire de l'électricité grâce à la force de l'eau, qui dépend soit du débit des fleuves/rivières (centrales au fil de l'eau), soit de la hauteur de la chute d'eau (barrages). Elle représente 16,2 % de la production d'électricité mondiale et 78 % de la production d'électricité issue des renouvelables, ce qui en fait la reine des EnR. Les cinq premiers producteurs (Chine, Brésil, Canada, États-Unis, Russie) concentrent 56,9 % de la production mondiale. Entre 2002 et 2012, la croissance moyenne annuelle de la production a été de 3,1 %.

La géothermie consiste à exploiter la chaleur du sous-sol. La production d'électricité géothermique est très concentrée, avec plus de 70 % de la production dans cinq pays (États-Unis, Philippines, Indonésie, Nouvelle-Zélande et Mexique). Elle représente seulement 0,3 % de la production totale d'électricité et 1,5 % de la production d'électricité « verte ». Sa croissance moyenne annuelle sur la période 2002-2012 a été estimée à 3 %.

L'énergie du vent, avec la mise en place d'éoliennes, permet de convertir l'énergie cinétique du vent en électricité. Elle représente 2,4 % de la production d'électricité totale et 11,4 % de la production d'électricité renouvelable. Les cinq premiers producteurs (États-Unis, Chine, Espagne, Allemagne, Inde) représentent 71,9 % de la production mondiale. Entre 2002 et 2012, le taux de croissance annuel moyen de l'éolien a été de 26,1 %.

L'énergie solaire permet de produire de l'électricité à partir de panneaux photovoltaïques ou de centrales solaires thermiques. Elle représente 0,5 % de la production totale d'électricité et 2,2 % de la production d'électricité renouvelable. Cinq pays (Allemagne, Italie, États-Unis, Espagne et Japon) représentent 77,4 % de la production mondiale.

La croissance annuelle moyenne sur la période 2002-2012 fut de 50,6 %.

L'énergie de la biomasse permet de produire de l'électricité grâce à la combustion de matières organiques végétales (bois, déchets agricoles, ordures ménagères) ou du biogaz issu de la fermentation de ces matières. Elle représente 1,4 % de la production totale d'électricité et 6,9 % de la production d'électricité renouvelable. Les cinq premiers producteurs (États-Unis, Brésil, Allemagne, Japon, Royaume-Uni) représentent 59 % de la production mondiale. Le taux de croissance annuel moyen entre 2002 et 2012 a été de 8,3 %[2].

Enfin, l'énergie marine permet de produire de l'électricité grâce aux courants, aux marées et à la matière marine. Elle occupe la dernière place des énergies renouvelables et ne représente que 0,1 % de la production d'électricité renouvelable. La France et la Corée du Sud représentent plus de 85 % de la puissance installée.

Malgré la forte croissance de certaines filières, la capacité de production est loin d'être complètement exploitée, que ce soit dans les pays du Nord ou du Sud. Le problème de ces sources d'énergie ne réside pas dans le volume nécessaire pour satisfaire la demande. Les difficultés sont liées à leur intermittence (soleil, vent), en l'absence de technologies de stockage à grande échelle de l'électricité (hors électricité hydraulique). L'intermittence génère des déséquilibres entre l'offre et la demande horaire d'électricité (ex. : forte demande d'électricité à un moment de la journée, mais absence de vent). Ces déséquilibres perturbent le système électrique (voir l'idée reçue n° 16).

---

2 Les chiffres proviennent d'« Un aperçu des dynamiques régionales par filières », collection « Chiffres et Statistiques », quinzième inventaire, édition 2013.

Compte tenu de la rigidité et de l'inertie des marchés de l'énergie, le premier défi est d'accélérer la diffusion des énergies renouvelables.

Les mécanismes de soutien aux énergies renouvelables

Plusieurs mécanismes visent à encourager le développement des énergies renouvelables en jouant sur les prix (tarif d'achat garanti) ou les volumes de production :

- Les tarifs d'achat garantis (*feed-in tariffs*) imposent aux opérateurs historiques une obligation d'achat de la production d'électricité à partir de sources renouvelables, à un tarif fixe sur une longue période. Le tarif d'achat est supérieur au prix du marché et permet artificiellement d'abaisser le coût marginal de production de l'électricité d'origine renouvelable. Avant d'investir, le producteur signe un contrat, d'une durée de plusieurs années selon le type d'énergie renouvelable. Le contrat d'achat lui garantit un prix fixe attractif. Ce tarif diffère selon la technologie concernée. Le tarif d'achat garanti est le mécanisme le plus couramment utilisé.
- Les appels d'offres permettent de fixer la quantité d'énergie renouvelable bénéficiant du soutien public et de mettre en concurrence les producteurs de renouvelables. Sous contrainte d'une certaine quantité, les projets sont sélectionnés notamment en fonction du prix d'achat proposé par les candidats[3]. Les appels d'offres doivent être réservés aux filières en retard de capacités.

3 Commission de régulation de l'énergie.

- Les certificats verts garantissent que l'électricité est produite à partir d'énergies renouvelables. Un quota d'électricité issu d'énergies renouvelables est fixé. Les certificats verts offrent un avantage aux producteurs « verts » et représentent un coût supplémentaire pour les producteurs « traditionnels » soumis à un quota d'électricité « verte ».
- Enfin, les subventions en capitaux consistent à couvrir le coût du capital d'un investissement dans les énergies renouvelables.

Ces mécanismes de soutien ont eu des effets positifs, comme en témoigne la croissance de la production d'énergies renouvelables dans le monde. Leur part dans le bilan énergétique mondial reste cependant trop faible. Des blocages d'ordre politique, financier et sociétal persistent.

Des acteurs éparpillés face à des entreprises installées disposant d'une taille critique

Le secteur des énergies renouvelables est caractérisé par une multitude d'acteurs au sein de différentes filières (solaire, éolien, éolien *offshore*...). Ces acteurs sont en concurrence avec de grandes entreprises dont les technologies et les processus de production sont bien établis. Ces entreprises, les « opérateurs historiques », ont bénéficié d'une position de monopole qui a favorisé leur développement. C'est le cas de la France, où le système énergétique est le produit d'une planification et d'une gouvernance centralisée, qui ont donné naissance à de grandes entreprises : EDF, Engie, Areva et Total. L'État est toujours actionnaire d'EDF, Engie et Areva. Le développement de ces entreprises est le fruit de choix politiques et non le résultat de mécanismes de marché. La part du nucléaire dans le bouquet électrique français en est la meilleure démonstration. Cette technologie au coût fixe très élevé et au retour sur investissement très long (comparativement aux centrales à gaz ou à charbon) serait-elle dominante dans un système énergétique libéralisé (et sans une aide d'État) ? Les mécanismes de marché auraient-ils conduit à une domination écrasante du nucléaire ? Le choix du nucléaire relevait d'un objectif politique et stratégique : la volonté de réduire la dépendance de la France aux importations de pétrole et à la fluctuation des prix de l'or noir[4]. La réussite d'EDF en France et le développement exceptionnel du nucléaire résultent d'un choix politique qui a permis la mise en place de conditions de développement favorables (État stratège, monopole public de production et de fourniture d'électricité).

Dans le cas des renouvelables, les choix politiques à long terme sont paradoxaux. Ils ont laissé place à un modèle hybride combinant mécanismes de soutien et marché libéralisé. Alors que les investissements dans le secteur de l'énergie sont lourds et à long terme, l'État français, encore actionnaire des opérateurs historiques, doit inciter à investir massivement dans les renouvelables en retrouvant son rôle d'État stratège pour faire d'EDF un leader mondial des énergies renouvelables et du nucléaire. Pourquoi n'a-t-il pas fait ce choix ? Probablement par croyance dans les vertus du marché pour sélectionner les technologies performantes, une fois les mécanismes de soutien arrêtés. Il est difficile pour des technologies nouvelles, même à fort potentiel économique, de contester le leadership d'une technologie ultradominante.

4 Créer une « rente nucléaire » pour combler l'absence de « rente pétrolière ».

La nécessité de lever les blocages

Dans de nombreux pays, il n'y a pas de consensus politique en faveur des énergies renouvelables. Certains partis politiques y sont même farouchement opposés, en raison des coûts supposés élevés des renouvelables, qui affaibliraient la compétitivité industrielle. La possibilité d'une alternance politique entraîne un risque de changement de politique sur les renouvelables. Cela peut conduire à un arrêt des mécanismes de soutien et à un phénomène de *stop and go* préjudiciable à des filières émergentes. Sans dispositifs réglementaires clairs et stables, il ne peut y avoir de montée en puissance des renouvelables. En France, le solaire photovoltaïque a subi un gel des mécanismes de subventions en 2010, plongeant la filière française dans une forte incertitude (malgré l'absence d'alternance politique). Les décideurs doivent éviter tout *stop and go* et adapter les mécanismes de soutien à la maturité technologique de chaque filière.

À l'instabilité réglementaire s'ajoute celle des investisseurs. Les mécanismes de soutien ont donné naissance à un tissu de PME dans le secteur des renouvelables. Ces entreprises ont un besoin vital d'accès aux crédits d'investissement. Des études révèlent que les investisseurs n'ont pas grande confiance dans les politiques de subventions des énergies. Ils les considèrent souvent comme inefficaces et éphémères. La maturité avérée d'une technologie reste le déterminant majeur du choix d'investissement[5].

Les technologies renouvelables ont besoin d'investissements pour se développer et de temps pour atteindre leur maturité technologique (notion de courbe d'apprentissage). Or, les

---

5 Masini, A. et Menichetti, E., (2013), « Investment decisions in the renewable energy sector and analysis of non-financial drivers », *Technological forecasting and social change*, vol. 80, n° 3.

investisseurs préfèrent les entreprises commercialisant une technologie déjà mature (par les énergéticiens « traditionnels »). C'est un cercle vicieux.

Enfin, les énergies renouvelables (filières, enjeux, coûts, bénéfices, contraintes) souffrent d'un manque de connaissances de la part de l'ensemble des parties prenantes (citoyens, investisseurs, décideurs politiques). Ce manque de connaissances explique l'absence de consensus politique, la frilosité des investisseurs et les problèmes d'acceptation par les citoyens au niveau local (notamment dans le cas des éoliennes, voir l'idée reçue n° 13). Une meilleure information sur le rôle des énergies renouvelables est donc une clé de voûte pour permettre leur développement.

Grâce aux mécanismes de soutien, un certain nombre d'opérateurs ont émergé. La place des énergies renouvelables, qui, comme toute nouvelle filière énergétique, s'inscrivent dans un horizon à long terme, reste encore faible. Sans prise en compte d'un certain nombre de blocages, les mécanismes de soutien, bien que nécessaires lorsqu'ils sont adaptés à la maturité technologique de chaque filière, cantonnent leur place à un marché de niche.

IDÉE REÇUE Nº 20

« Les pays émergents, en particulier la Chine, sont les principaux responsables du réchauffement climatique »

La pensée dominante

Les émissions de CO_2 des pays émergents, en premier lieu la Chine, augmentent rapidement, tandis que celles des pays développés évoluent modérément. D'ailleurs, la Chine, deuxième puissance économique mondiale, est le premier émetteur de CO_2 au monde, devant les États-Unis. Elle est responsable d'un quart des émissions mondiales. Cela envoie un mauvais signal aux autres pays émergents, alors même que ces derniers doivent changer leur façon de produire et de consommer pour éviter la catastrophe climatique.

Notre mise au point

Les pays émergents sont souvent désignés comme étant très pollueurs. Néanmoins, une approche fondée sur les émissions de CO_2 consommées plutôt que sur celles produites (comme c'est le cas aujourd'hui) révèle que les émissions n'ont pas notablement augmenté dans les pays émergents, ni réellement diminué dans les pays industrialisés.

États-Unis et Chine : une comparaison injustifiée

Au niveau mondial, les émissions de CO_2 sont passées de 21,6 milliards de tonnes en 1990 à 36,1 milliards en 2013. La Chine est le plus grand émetteur, suivie par les États-Unis. Ces deux pays sont responsables d'environ 40 % des émissions.

Les États-Unis et la Chine sont respectivement la première et la deuxième puissance économique mondiale, mais leur niveau de développement et la structure de leur économie sont radicalement différents. Les États-Unis ont un PIB de 16 800 milliards de dollars pour une population de 316 millions d'habitants et des émissions de CO_2 estimées à 5,2 milliards de tonnes. La Chine a un PIB de 9 240 milliards de dollars pour une population de 1,3 milliard d'habitants et des émissions de CO_2 atteignant 9,9 milliards de tonnes. Le PIB par habitant d'un Américain (53 000 $/habitant) est donc plus de sept fois plus élevé que celui d'un Chinois (6 800 $/habitant). Enfin, un Américain émet trois fois plus de CO_2 qu'un Chinois (17,5 tonnes de CO_2 /habitant pour un Américain contre 6,19 pour un Chinois).

Cependant, les émissions de CO_2 par unité de PIB sont bien plus élevées dans le cas de la Chine que dans celui des États-Unis. Cela s'explique principalement par la dominance du secteur tertiaire aux États-Unis. Il représente 79 % du PIB américain, contre environ 40 % pour la Chine. Or, l'intensité énergétique mesurant la consommation mondiale d'énergie par unité de volume de PIB est plus forte dans les secteurs primaire et secondaire que dans le tertiaire. La structure sectorielle de l'économie chinoise est par essence plus génératrice d'émissions de CO_2. La croissance rapide du secteur des services devrait diminuer son intensité énergétique.

Les États-Unis et la Chine, bien que proches dans les classements, sont en réalité deux économies très différentes. Le niveau de vie moyen d'un Chinois est moins élevé que celui d'un Américain. L'écart était encore plus important en 1997, au moment de la ratification du protocole de Kyoto, protocole que les États-Unis n'avaient déjà pas jugé utile d'appliquer.

Accord de Paris sur le climat, le mauvais signal envoyé par les États-Unis

En annonçant, en juin 2017, leur sortie de l'accord de Paris sur le climat, les États-Unis ont envoyé un signal très négatif au reste du monde sur le défi climatique (même si l'administration Biden a annulé en 2021 cette décision de sortie). L'administration Trump a jugé que le coût pour l'économie américaine était excessif. Heureusement, ce sont les États fédérés et les villes américaines qui sont aux avant-postes de la lutte contre le réchauffement climatique. Dans le même temps, les autres pays décident d'intégrer l'équation climatique dans leurs choix économiques. Les États-Unis choisissent de placer leurs intérêts économiques à court terme au-dessus du climat, bien public mondial.

Que peut-on attendre des autres pays si la première puissance économique juge non prioritaire la lutte contre le réchauffement climatique ? Par effet de contagion, d'autres pays pourraient être incités à ne pas respecter leur engagement. Certes, l'accord de Paris n'est pas suffisamment ambitieux et contraignant, mais il illustre un tournant historique dans la prise de conscience mondiale à l'égard du climat. Pour la première fois, 196 pays décidaient de jouer collectif pour éviter la catastrophe climatique.

Pourtant, des gains en matière d'efficacité énergétique peuvent être réalisés sans contraindre l'« *American way of life* ». La plupart des pays riches ont des émissions de CO_2 par habitant très inférieures à celles des États-Unis, avec des niveaux de vie similaires. En 1997, un Anglais émettait 9,4 tonnes de CO_2, un Japonais, 9,5 tonnes, alors qu'un Américain en émettait plus du double (19,9 tonnes de CO_2/habitant).

Le comportement du gouvernement américain est celui d'un « passager clandestin ». En refusant d'acquitter leur juste quote-part, les États-Unis créent des externalités négatives pour l'ensemble de la planète. Or, les effets les plus violents du changement climatique ne seront pas pour les Américains, mais pour les populations les plus vulnérables de la Terre.

Celles pour qui les saisons et le climat sont déterminants pour l'agriculture, l'élevage, la pêche, la survie. Il y a un consensus scientifique sur le fait qu'une hausse supérieure à 2 °C de la température moyenne mondiale aura des conséquences dramatiques pour la planète. Une telle hausse entraînerait plus d'un milliard de réfugiés climatiques. En 2012, ils étaient déjà plus de 32 millions.

En annonçant leur sortie probable de l'accord de Paris, les États-Unis ont non seulement discrédité les négociations internationales sur le climat, mais ils ont aussi envoyé un mauvais signal aux autres économies du monde (qu'elles soient post-industrielles, émergentes ou en développement). Il y a pourtant urgence pour un consensus politique et une action internationale concertée. Il reste moins de 5 ans pour agir et la probabilité de rester en dessous des 2 °C est faible sans une rupture majeure dans la trajectoire des émissions de CO_2. Les engagements actuels de réduction des émissions de CO_2 sont insuffisants et nous conduisent vers une hausse dramatique de 3 °C à 3,5 °C.

Mieux comptabiliser les émissions de CO_2

Le mode de comptabilisation des émissions de CO_2 n'est pas juste. Il prend en compte le CO_2 émis sur un territoire national, malgré le mouvement de délocalisation des industries vers les pays émergents (notamment la Chine) depuis le début des années 1990. En prenant en compte les émissions de CO_2 basées sur la consommation (c'est-à-dire tenant compte des exportations et des importations de dioxyde de carbone), les chiffres révèlent qu'une partie de la baisse des émissions de CO_2 des pays riches est liée à « l'exportation » de ce CO_2 vers les pays émergents. Avec ce mode de calcul, les émissions de CO_2 des États-Unis sont réévaluées à la hausse de 13 %, alors que celles de la Chine diminuent de 22 % en 2009. Sur cette même année, les émissions de CO_2 basées sur la consommation américaine étaient supérieures à celles de la Chine (respectivement 5,6 milliards de tonnes de CO_2 contre 5,1 milliards). En revanche, en se basant sur les émissions de CO_2 produites sur le territoire, la Chine était devant les États-Unis (respectivement 6,6 milliards contre 5 milliards)[1]. En reprenant ces grandeurs et en les appliquant aux chiffres de 2013, l'écart entre les deux pays se réduit. La Chine émet 7,7 milliards de tonnes de CO_2 (au lieu de 9,9) ; les États-Unis, 5,9 milliards de tonnes (au lieu de 5,2). En moyenne, un Américain émet 19,8 tonnes de CO_2 alors qu'un Chinois n'en émet plus que 4,8 tonnes.

Selon la méthode « traditionnelle » de comptabilisation des émissions de CO_2, les pays émergents ont émis, en 2010, 40 % de plus que les pays industrialisés. En considérant l'approche de comptabilisation des émissions liées à la consommation, les pays en développement et émergents ont émis seulement 7 % de plus[2]. La diminution des émissions de CO_2 dans les pays riches est donc davantage expliquée par un transfert de leur production vers les pays émergents que par un réel changement des comportements. Naturellement, cela n'exonère pas les pays émergents de prendre des mesures pour lutter contre le réchauffement climatique (notamment en arrêtant de subventionner les énergies fossiles). Un système de mesure homogène, indépendant et plus juste des émissions de CO_2 facilitera l'engagement actif de tous les pays pour sauver le climat.

1 Boitier, B., (2012), « CO_2 emissions production-based accounting vs consumption: Insights from the WIOD databases », *WIOD Conference Paper*, avril.

2 Meike, F. et Gautier, C., (2013), *Les émissions importées, le passager clandestin du commerce mondial*, Réseau action climat/ADEME/Citepa, avril.

Conclusion

Le monde est confronté à un défi inédit et complexe : assurer l'accès à l'énergie pour tous, tout en luttant contre le réchauffement climatique. Cela signifie l'accès à l'électricité pour 1,3 milliard de personnes qui n'en bénéficient pas, tout en diminuant la consommation mondiale d'énergie. Pour y parvenir, une refondation complète de nos modes de production et de consommation de l'énergie est nécessaire. Nous expliquons qu'un certain nombre d'idées reçues entravent la construction d'un modèle capable de relever ce défi. En guise de conclusion, nous rappelons quelques préconisations essentielles pour faire émerger ce « nouveau monde » énergétique décarboné.

En premier lieu, la libéralisation des marchés de l'énergie doit constituer un moyen et non une fin en soi. Ce n'est pas un remède miracle. La libéralisation est un bienfait si elle suscite une baisse des prix, l'innovation et des gains de productivité. Avant de libéraliser une industrie, il convient donc d'examiner, cas par cas, les conditions d'une concurrence effective. Sans régulation efficace, la concurrence reste symbolique et ne bénéficie pas aux consommateurs. La régulation des marchés de l'énergie par une « main invisible » est un leurre.

Les investissements d'aujourd'hui déterminent l'énergie que nous consommerons dans les années futures. Le secteur de l'énergie, caractérisé par une forte inertie, nécessite donc une vision à long terme. Les règles de marché doivent être réexaminées en profondeur pour permettre le financement à long terme des investissements nécessaires dans les technologies de production et dans les infrastructures décarbonées.

La transition énergétique doit tenir compte de l'hétérogénéité des contextes nationaux et s'inscrire dans la longue durée, à l'abri des soubresauts à court terme des prix. Ainsi, la chute rapide des prix du pétrole ne doit pas remettre en cause le développement des énergies renouvelables. De même, la baisse des prix du charbon n'aurait pas dû inciter les producteurs à le substituer au gaz, énergie moins polluante. Une transition énergétique réussie nécessite une action coordonnée des États et une approche décloisonnée des enjeux. Le « nationalisme » énergétique conduit à une impasse, alors même que les défis sont globaux. Dans le cas de l'Europe, l'absence de stratégie collective menace la sécurité d'approvisionnement et la réussite de la transition énergie-climat.

En matière nucléaire, le panorama mondial est hétérogène. La catastrophe de Fukushima n'a pas stoppé les projets dans le monde, malgré la croissance des coûts du nucléaire, les risques et la compétitivité croissante des autres énergies décarbonées. En France, pays le plus nucléarisé au monde, l'État actionnaire doit renouer avec son rôle d'État stratège pour que les décisions d'investissements à long terme ne conduisent pas à une impasse industrielle et financière.

Les règles et pratiques de sûreté nationales sont hétérogènes. Or, les effets d'un accident nucléaire ne s'arrêtent pas aux frontières d'un pays. La sûreté nucléaire est un bien public mondial. La création d'une agence internationale de contrôle de la sûreté nucléaire est donc impérative pour éviter tout accident. Une gouvernance mondiale stricte s'impose d'urgence pour atteindre un niveau de sûreté maximal. Le rôle actuel de l'AIEA (Agence internationale de l'énergie atomique) doit être renforcé.

En ce qui concerne le gaz de schiste, l'expérience américaine n'est pas reproductible à l'échelle mondiale, notamment en raison du manque d'infrastructures (équipements, réseaux de distribution). Dans ces conditions, les impacts sur la compétitivité et *in fine* sur l'emploi seraient modestes. Un développement des hydrocarbures non conventionnels ne conduirait pas à une indépendance totale à l'égard des pays de l'OPEP, et notamment de l'Arabie Saoudite dans son rôle de *swing supplier*. Même si les réserves augmentaient très fortement, nous serions contraints de modifier notre façon de produire et de consommer l'énergie, car elle met en péril le climat, bien public mondial.

Ce changement de « mode de vie » doit être accompagné par des investissements massifs dans l'efficacité énergétique, pilier de la transition énergie-climat.

Le changement passe également par une restructuration des systèmes énergétiques. Il faut aller plus loin que les mécanismes de subvention des renouvelables, en prenant en compte les autres blocages, comme le manque d'investissements en R&D, afin que les énergies renouvelables ne soient pas éternellement cantonnées à un marché de niche. La régulation doit encourager la montée en puissance des énergies renouvelables tout en maintenant des énergies pilotables. Le déploiement des énergies renouvelables conduit à une décentralisation de la production d'électricité. C'est vers un système hybride combinant une production centralisée et décentralisée qu'il faut tendre.

Parallèlement, une refonte de la tarification énergétique et de la fiscalité s'impose. La tarification doit tenir compte des spécificités économiques de l'énergie, en particulier de l'électricité. Certaines formes de tarification sont séduisantes, mais complexes, inefficaces et socialement injustes.

La fiscalité énergétique doit être lisible, stable, incitative et juste. L'ajustement ne doit pas peser uniquement sur les consommateurs. Les industriels doivent être incités au déploiement de processus de production sobres en énergie.

Enfin, nous avons vu que l'énergie est indissociable des rapports Nord-Sud. Les pays producteurs doivent bénéficier équitablement de leur rente pétrolière, afin de disposer de financements pour la lutte contre la pauvreté. La privatisation abrupte de leur secteur énergétique, la création d'un fonds pour les générations futures ne doivent pas être des mesures à appliquer systématiquement.

Dans les négociations sur le climat, les modes de calcul des émissions de CO_2 fondés sur la production ne permettent pas de faire émerger un consensus, comme le montrent les échecs récurrents des différents sommets. Prendre en compte les émissions de CO_2 sur la base de la consommation finale des biens permettrait d'avoir une vision plus juste sur les contributions au réchauffement climatique des différents pays et faciliterait les négociations avec les pays émergents. Si ces derniers polluent plus, c'est souvent parce que les pays industrialisés y ont délocalisé leurs usines.

Il est impératif d'obtenir une rupture dans la trajectoire des émissions de CO_2 pour limiter le réchauffement à 2 °C maximum. La trajectoire actuelle conduit à un réchauffement compris entre 3 °C et 3,5 °C. Sans un système indépendant et homogène de mesure du CO_2 et une tarification du carbone équitable et progressive, l'objectif ne sera pas atteint. En tenant compte des inégalités de développement, la méthode de tarification du carbone que nous proposons adhère pleinement au principe de la « responsabilité commune mais différenciée » de la convention climat. La probabilité de limiter le réchauffement à 2 °C est, à ce jour, très faible. Chaque dixième de degré de réchauffement en moins compte pour atténuer la fréquence, l'intensité et la durée des catastrophes climatiques.

Nos recommandations ont pour objectif l'émergence de politiques énergétiques et climatiques à la hauteur des défis du XXIe siècle. Certes, elles pourront contrarier certains intérêts particuliers, mais elles sont essentielles pour sauver notre planète des dommages dévastateurs du réchauffement climatique.

Table des matières

Dépôt légal : avril 2024 – N° éditeur : DBSSI20230701 - N° Imprimeur : 042478215

Achevé d'imprimer en avril 2024 en France par Présence Graphique - Monts

IMPRIM'VERT

PEFC
10-31-2677

FABRIQUÉ EN FRANCE

LES AUTEURS :

Raphaël BOROUMAND est professeur d'économie à Paris School of Business et chargé d'enseignements à l'université Paris-Dauphine. Il intervient régulièrement dans les médias sur les questions de l'énergie et du climat (28 minutes, France Info, BFM TV, Le Monde, etc).

Stéphane GOUTTE est professeur d'économie à l'université Paris-Saclay et directeur de la chaire CEDRIS. Auteur de plus d'une cinquantaine de publications académiques, il est l'un des meilleurs chercheurs français sur la question de l'énergie et du climat.

Thomas PORCHER est professeur d'économie à Paris School of Business et membre des économistes atterrés. Il est l'auteur de plusieurs ouvrages notamment le bestseller Traité d'économie hérétique qui a été traduit dans plusieurs langues. Tous les vendredis, il assure le débat éco sur France Inter.

LA PRESSE SPÉCIALISÉE ET LE GRAND PUBLIC EN PARLE :

« Un livre vif et inspiré », *La revue de l'énergie*

« Pédagogues et rigoureux », *La recherche*

« A lire », *Energie Plus*

« Une nouvelle génération d'économistes se livre à une déconstruction des mythes », *Eco réseaux*

« Malgré la complexité du secteur de l'énergie, les auteurs contribuent avec beaucoup de clarté à décrypter un certain nombre d'idées reçues », Christian de Perthuis, fondateur de la Chaire *Economie du Climat.*

COMMUNIQUÉ DE PRESSE

20 IDÉES REÇUES SUR L'ÉNERGIE (3ÈME ÉDITION)

Un appel à modifier notre façon de penser l'énergie et son rôle dans le développement économique et la lutte contre le réchauffement climatique

DBS

« La libéralisation des marchés de l'énergie va faire baisser les prix »

« Un prix unique du carbone est la meilleure solution pour lutter contre le réchauffement climatique »

« L'augmentation des réserves prouvées grâce aux hydrocarbures non-conventionnels est une bonne nouvelle »

« La tarification progressive permet de réduire la consommation d'énergie »

Parution le 24 Avril 2024

LE LIVRE

Telles sont, certaines idées reçues déconstruites dans ce livre écrit par trois spécialistes de l'énergie et du climat.

Trois économistes experts de l'énergie et du climat déconstruisent ici 20 idées reçues. Lors de sa première édition, en 2015, ce livre voulait susciter des débats qui n'existaient pas, ou très peu. Aujourd'hui, les idées qu'il porte sont au cœur des réflexions sur l'énergie.